\LA CUCINA DI WINNIE FAN!/

\LA CUCINA DI WINNIE FAN!/

PASTA

義大利麵的美味法則

麵醬組合 X 效率烹調 X 入味訣竅，料理課教作的經典做法 & 創意配方

范麗雯 Winnie　著

Contents

CHAPTER 2 義大利麵的美味法則－醬汁變化與麵型搭配

CHAPTER
3　｜　料理新手 OK ！清炒就好吃的義大利麵

\BUON APPETITO!/

\BELLISIMO!/

作者的話

距離我的第一本書出版剛好 10 年了！在滿 10 年的今天，我寫下了這本書，也是集結了我多年來教學義大利料理的經驗。

多年前寫我的第一本書《經典義大利料理》時，那時人還旅居於義大利，把我在義大利當地所看所吃所學都寫下來，回來台灣之後，在機緣下，開始義大利料理教學。也因為教學的緣故，讓我在義大利料理這個領域不斷自我進修學習，甚至覺得在台灣比在義大利煮了更多的義大利菜啊！

教學這幾年來，從異國食材的艱尋難買，到後來這幾年進口食材的蓬勃發展，甚至是新鮮蔬果香草等，在市場、大賣場也能輕易購得異國食材了，讓料理義大利菜這件事變得更為容易，也可以做得更加道地。

在這本義大利麵食譜中，我想用更加義大利的方式來告訴讀者，義大利人是怎麼煮的！以及在這幾年的教學經驗中，碰到學生平時在煮義大利麵時會有的困難跟問題，也在這本書中一一釋疑。此外，因為我們身處台灣，其實有許多台味食材也能幫義大利麵加分，但整體卻不違和，反而非常驚艷，我也巧妙地運用在義大利麵料理上。

10 年磨一劍，這本書可說是我對義大利麵知識的所有記錄，希望能幫您煮出更好吃的義大利麵！

Winnie 范麗雯

CHAPTER

1

*About pasta : types, sauce
and how to cook*

從麵型、醬汁到煮法，
徹底認識義大利麵

TOPIC

1-1

麵型與醬汁的搭配法則：
大小、形狀、抓醬力、味道強度

傳統義大利麵有分乾麵條與新鮮麵條，乾麵條一般都是用杜蘭小麥（硬粒小麥）與水製作，新鮮麵條則是用軟質小麥製作，也可以是硬小麥。硬小麥生長於南義，像是在普利亞大區，所以在南義大多使用乾麵條，因為杜蘭小麥的筋度很高，製作成乾麵條後十分耐煮還能保有口感；而軟質小麥生長在北義，為了增加麵條口感，通常會加上雞蛋來製作。

為什麼義大利麵有那麼多形狀？

很多義大利麵的名稱來源都是基於「物體的外形」，比方：戒指 Anellini，膠帶 Fettucce；或者是身體的部位，像扁舌麵 Linguine，天使髮麵 Capellini，耳朵麵 Orecchiette、手肘 Gomiti（就是大家熟知的通心麵），眼睛 Occhi。

也有的是從幾何形狀而來的，像正方形 Quadrucci、管狀 Tubetti…等；或來自大自然界的設計靈感，像蝴蝶麵 Farfalle、貝殼麵 Conchiglie…等，各家廠商發揮創意，創作出各式各樣的義大利麵型。

使用鐵弗龍模型製作的義大利麵表面比較平滑，色澤偏黃，比較耐煮，也適用各種不同醬汁；而使用銅製模型製作（外包裝會有 Bronze 字樣）的義大利麵表面較為粗糙，顏色偏淺，抓醬力很好，但要注意很容易煮過熟 。

義大利麵型與醬汁的搭配學問

　　在義大利，大多數的家庭對於使用什麼義大利麵要搭配什麼醬汁都不會特別花心思，就以家中廚房有什麼、食材有什麼來直接搭配，雖然我們沒有必要像廚師一樣的講究，但了解麵型搭配適合的醬汁，的確會讓你的義大利麵料理加倍美味喔！

　　這是因為，正確將醬汁與麵型結合，能使麵體更完美地吸收醬汁，如果是不適合的搭配，會讓醬或麵其中一方不堪負荷，而導致味道被另一方蓋過，吃起來就沒有融為一體的感覺。若享用時的每一口都能吃到均衡的醬汁與義大利麵，兩者風味就會很和諧！

　　那麼，麵型與醬汁如何搭配呢？

　　義大利麵與醬汁的搭配有四個基本法則：大小，形狀，抓醬力和味道強度。

　　比較好記的方式是，就一般搭配法則而言：「隨著麵食的大小、厚度及寬度的增加，醬汁的複雜度也跟著增加。」

　　先想像一下，義大利麵跟醬汁兩者相比有多「重」，要確定兩者都保持平衡。比方說，大、厚的義大利麵可以承重濃、厚的醬汁；相反地，小、薄的義大利麵就與清淡醬汁搭配。在義大利人的飲食習慣裡，義大利麵屬於第一道菜，所以通常醬汁裡不會有大塊的肉，因為後面還有第二道主菜要上。

　　當然，搭配法則也有例外的時候，畢竟大家喜愛的醬汁與麵型多少會有不同，不過，想嘗試把義大利麵料理做好的話，可以先依這個法則來練習搭配，慢慢就熟能生巧，在烹調義大利麵時，自然會反應如何選擇適合的醬汁與麵型來組合搭配！

- 長型麵 -
（台灣常見的麵型）

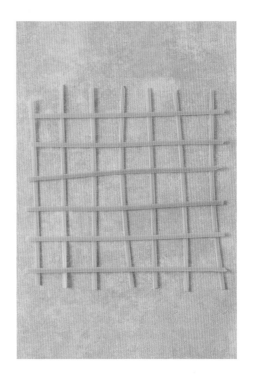

天使髮麵（天使細麵） *Capellini d'angelo*

天使髮麵來自義大利的中北部，比一般直麵 Spaghetti 的直徑還小，適合搭在高湯裡一起煮，或用橄欖油清炒、或搭白醬，以及做成奶油起司類醬汁。

· 特別適用：清爽到中等稠度醬汁
· 搭配推薦：簡單的橄欖油基底醬汁
　　　　　　奶油類醬汁

細扁麵（扁舌麵） *Linguine*

細扁麵的義大利文名為「舌頭」的意思，麵條橫剖面為兩個凸透鏡形狀，邊緣較薄，所以烹煮時會釋放更多的澱粉質，有乳化效果，很適合搭配奶油或海鮮醬汁。

· 特別適用：清爽或濃稠醬汁皆可
· 搭配推薦：簡單的橄欖油基底醬汁、青醬
　　　　　　簡單的魚類醬汁、奶油類醬汁

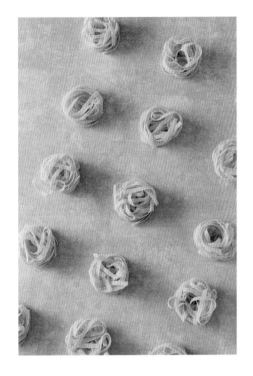

直麵 *Spaghetti*

最有名的義大利麵型，幾乎是義大利麵的代名詞。源自於拿坡里，還有細分為粗一點的 Spaghettoni，以及細一點的 Spaghettini，算是最基本也最百搭的麵型。

- 特別適用：中等稠度醬汁
- 搭配推薦：使用番茄、海鮮、魚類等製作的醬汁

鳥巢麵 *Tagliatelle*

鳥巢麵其實是指纏繞起來保存的形狀，一圈圈就像鳥巢，實際上它的麵體可以是寬、也可以是細，一般我們台灣所稱的鳥巢麵是 Tagliatelle，是寬切麵，約 8mm 寬度。

如果是更粗的款式（大寬麵 Parpadelle，寬 2-3cm）則會搭配更濃厚的野味醬汁，或是松露、牛肝菌、起司等醬料。

- 特別適用：濃稠或味道濃厚型醬汁
- 搭配推薦：一般寬度搭配義大利肉醬、海鮮醬汁
  大寬麵則搭配濃厚型醬汁

吸管麵 *Bucatini*

這種外表像 Spaghetti 的麵,但仔細看麵芯卻是中空的,這個設計主要是為了讓整個麵體統一,避免 Spaghetti 外表煮熟了,而裡面還是生的狀態,吸管麵比直麵更能快速煮熟。

吸管麵的最佳煮法:煮到半熟時就倒入醬汁鍋中,加入一湯勺的煮麵水,邊甩鍋,等水乾了,再加水。

著名的阿瑪翠斯義大利麵、培根蛋麵都指定需搭配這種麵型,西西里則使用這道麵來搭配沙丁魚。

· 特別適用:中等稠度醬汁
· 搭配推薦:使用番茄、海鮮、魚類醬汁

千層麵 *Lasagna*

千層麵是義大利最古老的麵食之一。在南義,千層麵皮是用粗小麥粉加水製成,北義則是用雞蛋加麵粉。而我們最熟悉的肉醬千層麵來自於北義的艾米利亞羅馬涅,它的首都是波隆那,那裡的千層麵料理是加了菠菜或其他蔬菜製成的天然綠色麵皮。

傳統手作麵皮非常費工講究,必須經過「煮熟、泡冷水、再擦乾」的動作,才能一層層和醬料一起鋪疊。所以後來市面上開始販售乾麵皮,都是已經煮熟過了(稱為 Cotto),所以無需再做前述動作,可以直接鋪料使用。

· 特別適用:濃稠醬汁
· 搭配推薦:義大利肉醬

- 短型麵 -
（台灣常見的麵型）

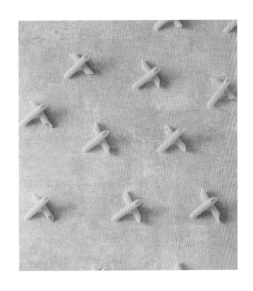

蝴蝶麵 *Farfalle*

起源於 16 世紀義大利北部的 Lombardia 和 Emilia-Romagna 地區。在義大利文裡，Farfalle 就是蝴蝶的意思。蝴蝶麵中心厚、兩側薄，煮的時候沒辦法讓麵體一起達到平均的熟度，所以它的口感很獨特；但中心具有嚼感、兩側則能沾附醬汁或細小食材，有雙重的味覺享受。

· 特別適用：清爽醬汁
· 搭配推薦：番茄醬汁、添加鮮奶油的醬汁
　　　　　　做成夏季冷麵沙拉

筆管麵（筆尖麵） *Penne/Rigate*

麵條的斜切形式是模仿鋼筆的筆尖。麵體表面有線條刻紋的稱為 Rigate，很容易沾裹醬汁，是除了直麵之外第二名受歡迎的麵體，算是比較百搭的義大利麵型。

· 特別適用：中等稠度的醬汁
· 搭配推薦：肉醬、蔬菜醬，也可以做成沙拉
　　　　　　若表面沒有刻紋線條，則適合鮮奶
　　　　　　油或含有蛋的醬汁

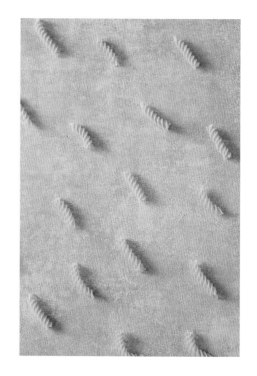

貝殼麵 *Conchiglioni*

有各種尺寸大小，甚至有迷你版。迷你版很適合拿來煮蔬菜湯，中型款內凹的地方很適合沾裹醬汁食材。而大尺寸貝殼很適合來填塞起司、蔬菜等食材。貝殼麵的面積比較大，注意別煮過頭而讓麵體過軟變形，導致不易承載醬汁。

· 特別適用：中等稠度的醬汁
· 搭配推薦：肉醬、蔬菜醬，也可以做成沙拉

螺旋麵 *Fusilli*

Fusilli 的義大利文指的是「紡錘軸心」，在傳統手工製作上，會將麵條纏繞成長條螺旋形狀，再切成小段小段的。螺旋麵的溝槽空隙有利於沾裹附著醬汁，因此吃的時候會感覺充滿醬汁的味道。

· 特別適用：清爽醬汁
· 搭配推薦：使用新鮮番茄或有蔬菜的醬汁

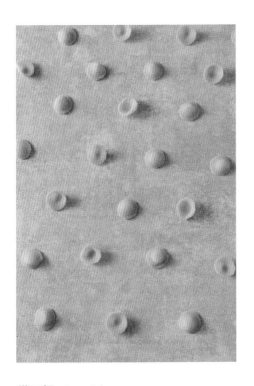

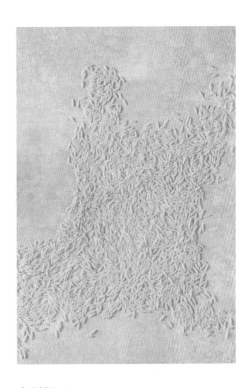

貓耳麵 *Orecchiette*

小巧又圓圓的貓耳朵麵是南義普利亞大區的特色麵食，傳統上都是用手工製作的。貓耳麵的粗糙表面、圓潤形狀正好可以保留住綠花椰菜、青花筍的味道，這樣的搭配是義大利當地的經典做法。

· 特別適用：清爽到中等稠度的醬汁
· 搭配推薦：含有炒碎的義大利香腸、鯷魚以及番茄、綠花椰菜等醬汁，或是義大利番茄肉醬

米型麵 *Orzo*

中文取名為米型麵，在義大利文 Orzo 則為大麥的意思。雖然不少超市賣場有售，但對台灣家庭來說比較陌生，其實它很適合燉飯式的烹調方式，可以加在高湯裡，或者做成沙拉也是很好的選擇。

· 特別適用：清爽醬汁
· 搭配推薦：用高湯一起燉，或做成沙拉

頂針麵 *Ditali*

頂針是義大利裁縫師戴在手指上用來保護
自己不被針刺傷的物品。頂針麵有大有小，
有些表面有刻紋、有的光滑，通常小頂針
麵會和清湯共煮，而大頂針麵則適合更稠
的湯汁。

· 特別適用：湯汁類型
· 搭配推薦：用蔬菜煮的清湯汁、濃湯汁

水管麵 *Tortiglioni*

義大利中部常見的麵型，麵體表面有溝紋、
中間則是空心，可以包裹聚集醬汁。書中
有用它來做傳統的義大利麵料理—定音鼓。

· 特別適用：濃稠醬汁
· 搭配推薦：使用番茄、海鮮、魚類製作的醬汁
　　　　　　以及奶油白醬

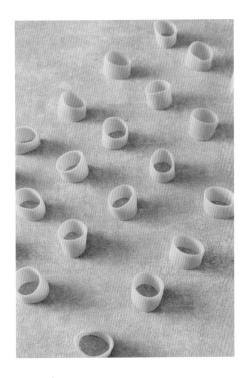

大管麵 *Paccheri*

外型像是粗水管,中空狀,這類麵條質地
紮實,十分耐煮並且充滿咬勁。就算是長
時間烹煮,仍可保持麵體形狀。

· 特別適用:濃稠醬汁
· 搭配推薦:使用番茄、海鮮、魚類製作的醬汁

大卷圈麵 *Calamarata*

大卷圈麵的形狀源自於中卷切成輪圈後的
形狀故而得名,來自產義大利麵聞名的拿
坡里的 Gragnano 鎮,跟大管麵 Paccheri
是屬於同一家族,書中有示範用這款麵和
中卷共同烹調的美味食譜。

· 特別適用:濃稠醬汁
· 搭配推薦:使用番茄、海鮮、魚類製作的醬汁

TOPIC
1-2

嘗試自製手工麵

關於新鮮義大利麵

在義大利，當地人為了顧及新鮮義大利麵的保存期限，通常是家庭自行製作麵條，當然義大利也有雜貨店或超市會販售工廠製作的新鮮義大利麵。一般主要使用硬小麥或軟小麥，加了水或雞蛋揉成團，也許會搭配簡單的工具來成形，目前台灣的一些大型超市或特殊食材店也都可以買到新鮮義大利麵了。

煮新鮮義大利麵時，得留意烹煮時間非常短，通常是浮起來再煮 1 分鐘左右就要撈起，因為超過 2 分鐘，麵就會糊爛了。

接下來介紹兩種不同配方的麵團，示範麵粉＋雞蛋麵團、硬小麥麵團這兩種傳統義大利手工麵做法。

A | *00 Flour and egg*
麵粉＋雞蛋麵團

經典麵型 | 寬切鳥巢麵、
千層麵皮

食材

義大利 00 麵粉 100g：1 個中型雞蛋（約 53g）
＊註：00 是麵粉分級，類似台灣的中筋麵粉

做法

1　在工作檯堆麵粉，讓中間形成一個粉牆，打入雞蛋。

2　以叉子攪散，在攪拌時有助於打入空氣，會幫助做出來的麵條更有口感。

3　邊打散蛋液，邊將旁邊的麵粉往中央拌入，直至麵粉與蛋液完全拌合在一起。

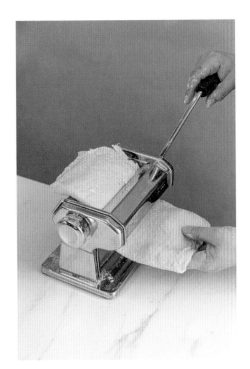

4 用手揉麵團約 10 分鐘，至表面光滑的
狀態。揉的時候一邊加粉，不用怕乾，
因為麵團經過休息後就會變濕。

如果覺得手揉很累，也可改用製麵機幫忙擀
壓數次。

POINT

揉麵團時，要用身體施力，不要單靠手腕力量，因
為這樣手會很痠。如果很難揉，讓麵團放 15 至 20
分鐘鬆弛後再繼續揉 。

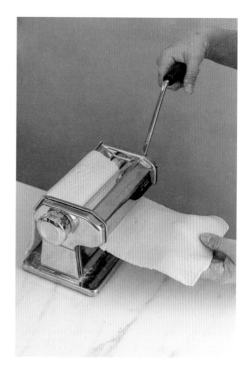

5　用保鮮膜包起麵團，讓它休息 20 分鐘。

6　用製麵機或擀麵棍把麵團擀平成長片狀，然後放置晾乾。依天氣濕度不同，判斷至半乾狀態，待麵皮呈現稍有硬度即可，但注意邊緣不能乾到裂開的程度。

POINT

如果沒有馬上要進行成型的動作，可放冰箱冷藏，需於 2 天內用完。

POINT

晾乾麵片的步驟很重要，等待乾了才切，這樣麵才不會黏在一起。

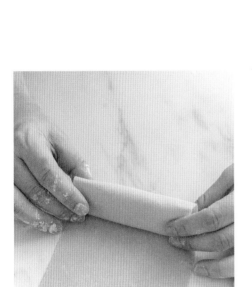

7 將麵片捲起來。

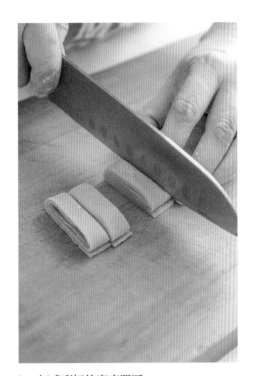

8 切成喜好的寬度即可。

POINT
切麵條的刀刃最好是平的。

8 　把麵條繞在手指上，圈成圓圈狀。

9 　收攏成鳥巢狀，做好的麵再晾到乾，煮起來的麵才會有Q勁。

MORE TO KNOW

在義大利當地，為了讓做出來的麵條很黃很漂亮、風味濃厚，超市會特別販售
「專門拿來做新鮮義大利麵 Per pasta」的雞蛋。

據我之前的義大利老師說，這種是餵養了很多玉米（也就是我們所知含有β - 胡蘿蔔素的飼料）的雞隻
所生出來的蛋，因為有深黃色的蛋黃，可做出色澤漂亮的義大利麵。

hard wheat

硬小麥麵團

經典麵型 │ 貓耳朵麵

食材比例

杜蘭小麥粉：水＝ 1：0.5 ～ 0.55

做法

1　在工作檯堆高杜蘭小麥粉，用手指讓中間形成一個粉牆。

2　少量分次倒一點水。

3　用叉子將周圍的杜蘭小麥粉拌入，等水
　　加完。

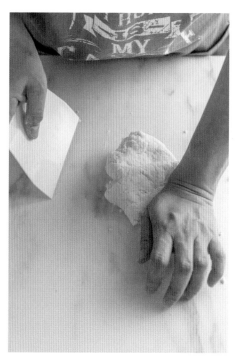 

4　可用刮板輔助，把杜蘭小麥粉向中間蒐　　5　持續揉成有彈性的麵團，蓋保鮮膜休息
　集並且揉成團。　　　　　　　　　　　　　20分鐘，再切成喜好的寬度即完成。
　　　　　　　　　　　　　　　　　　　　　　（圖左是麵團鬆弛前，圖右是鬆弛後）

C

others

其他比例麵團

也有人會依口感，添加不同比例的杜蘭小麥粉與麵粉混合使用，或者會將雞蛋與水一起加，也有額外多加蛋黃的方式，所有的比例與口感皆可以自行調整。

① 手工麵，表面較光滑。
② 機器製的麵，表面較粗糙。

Q&A
料理課學生提問！

製作麵團時，
需加橄欖油及鹽嗎？

加橄欖油的作用是增加油脂及風味，也有助於將麵團擀開，但麵團乾燥後會容易破裂，所以製作麵餃等型式時，最好不要加橄欖油，添加比例為：100g 麵粉兌上 1/4 至 1 小匙左右的橄欖油，也有些麵團製作時會加鹽，以增加風味。

另要特別注意，麵條在成形後一定也要晾到半乾程度再烹調或保存，這樣麵條吃起來才會比較有口感。

TOPIC
1-3

煮麵的美味法則：
讓義大利麵夠味又彈牙的小訣竅

法則
1

法則
2

水量要夠、水溫要滾

煮水的量要夠多，100g 麵條需要用 1L
的水。麵條下鍋之前，水要保持在沸騰
狀態。

依麵型選適用的鍋型

煮短型義大利麵或新鮮義大利麵，這些
只需要「開口大而淺」的鍋。但其他麵
型則一定要使用「圓柱形的深鍋」。原
因是深鍋才能夠容納足夠的水，深鍋裡
的空間會讓義大利麵在水裡翻滾的狀態
下進行烹煮。

法則

③

待水滾再加鹽

鹽量是水量的1%（請用粗鹽，含有礦物質，風味較佳）。
待水滾後添加粗鹽，試吃看看整體鹹度，吃起來像是海
水鹹度的感覺即可。

法則

4

麵的份量及下麵方式

通常一人份的長型麵為 80 至 100g，短型麵則再少一點份量。因為在義大利，義大利麵屬於第一道菜，後面還有主菜（肉類或海鮮等），所以麵量通常只有 80g 左右。

加入粗鹽後，等完全溶解、水也再次沸騰時，以「放射狀」將麵下鍋，這時把火轉大一點。如果麵下鍋時，感覺水溫已下降，最好的做法是先蓋鍋，加速水再度沸騰。

法則

5

減少水煮時間、增加拌炒時間

依包裝上指示的時間再減 1 至 2 分鐘，讓義大利麵減少
在水中煮的時間、增加在醬汁中的時間，才會讓麵更加
入味。在義大利有個說法：「像煮燉飯一樣地煮麵」，
因為如果把麵煮到剛好的程度才進行拌炒，一來會讓麵
過軟、失去口感，二來造成麵的味道不足。

法則

6

利用拌炒義大利麵與醬汁的三重點，使其充分乳化

將煮好的麵立刻加入拌炒鍋中，建議先計算好燙煮麵的
時間，再一邊進行拌炒料，讓兩鍋的時間對應，才不會
差太多。

當麵與醬汁在鍋中拌炒時，「需開大火」、「添加煮麵
水」、「適時甩鍋」是很重要的三個動作。煮麵水的澱
粉質、甩鍋能讓食材水分與油分融合，都會幫助充分乳
化，直到麵煮到想要的軟硬度或口感，而醬汁也達到適
當稠度、亮澤度時，即可離火，再依據食譜指示加入起
司、切碎的巴西利拌勻。

法則

7

依食材調整充分乳化的方式

前文提到的「充分乳化」，指的是拌炒義大利麵時需有脂肪才能發揮作用，比方加入橄欖油或奶油或鮮奶油，再利用甩鍋或拌炒，讓油分、食材釋出的水分全融合在一起，以達到「充分乳化」效果，這時醬汁就會附著在麵體上，看起來均勻亮澤。如果沒有充分乳化，麵和醬的味道就會是分離的，而且吃起來油油的感覺。

但乳化方式要隨著醬汁類型做調整：若是蔬菜醬汁，含脂肪量少，可加入橄欖油幫助乳化：但如果醬汁本身已有肉類食材，含油脂較多，反倒要藉由添加煮麵水來達到乳化效果。

TOPIC

1-4

煮義大利麵的常見迷思
Q&A

Q1 如何抓義大利麵的一餐份量？

一般來說，一人份的量約 80 至 100g 左右，煮麵之前可以用電子秤來測量一下。如果配料很豐富，或者除了義大利麵，當餐還有準備其他主菜及前菜的話，則以一人 80g 為基準；如果只是單純一盤一餐，則一人以 100g 份量。但如果是麵湯類，一人份約為 30 至 50g。

Q2 如果沒有秤，該怎麼抓麵量？

如果你買的是長型麵，例如直麵，將食指接到姆指形成一個圈，就像 OK 的手勢，這樣的量大約是 90g 左右。如果是短型麵，像是螺旋麵、蝴蝶麵，則可用量米杯來輔助，或用手抓一把，是約 40g 左右。

Q3 包裝上都是義大利文，怎麼看？

各式各樣麵條的烹煮時間不同，有時候義大利麵外包裝上的中文標示也沒有寫明，建議大家可以從外包裝上印的義大利文來參考。

一般義大利進口的麵，包裝上面會顯示義大利文「Cottura」，也就是煮熟的時間，有些包裝會更清楚的寫出「Al dente」，是煮到彈牙的時間。

① 麵型（Tofette、Fettuccelle、Penne Rigate 等等）
② 煮麵建議時間（Cottura）
③ 麵體尺寸（N°）
④ 煮到彈牙的時間（Al dente）

Q4 有些麵體表面光滑、有的看起來粗糙，有什麼不一樣？

麵體表面的光滑和粗糙程度會影響抓醬力。同樣是機器製麵，仍有些品牌會強調使用銅模來做麵，製造出粗糙質地的義大利麵，好讓麵體更易沾裹醬汁、抓附醬汁。而表面光滑的麵體，則強調料理上桌後，即便放久一點也不易糊爛，大家可以依自己的喜好或製作需求來選擇合適的麵體使用。

長型麵，圖左為光滑面、圖右為粗糙面　　　　短型麵，圖左為光滑面、圖右為粗糙面

Q5 煮麵後，要另外洗去澱粉質嗎？

水煮過的義大利麵是不用另外洗去澱粉質再和料拌炒的。但如果今天要做冷麵沙拉，就要將水煮好的麵沖冷水，先洗去澱粉質，一方面降溫，二來是讓口感乾爽、不會粉粉的。

Q6 煮義大利麵時，一定要用特級橄欖油嗎？

油品選擇對於做義大利麵料理來說是重要的，這是因為油品香氣會影響義大利麵的風味。我自己教課時，會建議大家可以買「冷壓特級橄欖油（Extra virgin）」，品牌則依個人喜好即可，如果你是特別在意料理味道的人，選擇好的冷壓特級橄欖油會讓整體味道更加分！

Q7 煮麵時，水裡要不要加油？

除了千層麵之外，基本上煮義大利麵的水是不需要加油的。因為加了油以後，義大利麵外表會裹上一層油，進而影響吸附醬汁的能力。市面上的餐廳會先將大量的義大利麵煮到半熟後，放涼再淋油防止沾黏，是考慮到烹煮和上菜時間的緣故。如果在家煮義大利麵時，其實不需要在水裡加油，也不用將水煮的麵另外拌油喔。

Q8 為什麼在家煮的義大利麵總是不夠入味？

這個問題是料理課學生最常問的，這是因為麵在醬汁裡煮得不夠久。建議把水煮麵的時間減少（書中大部分的食譜都有寫到建議比包裝上的時間減少 1 至 2 分鐘，但依個人喜好，可再微調減少更多時間），和醬汁拌炒時則要煮久一點，就會入味，記得邊煮邊嚐一下入味程度。

Q9 煮麵時，要顧兩鍋好忙，如何有效率安排烹調順序？

許多人煮義大利麵會覺得手忙腳亂，或覺得煮麵和拌炒時間銜接難掌握。首先，看要煮「有醬汁」還是「清炒」的類型。如果有醬汁，先煮花時間的醬（比方要 20 至 30 分鐘），燉煮時轉小火，這時就可以開始煮麵，因為煮麵時間差不多是 10 分鐘內。至於清炒的類型，就得先準備滾水鍋，待麵下鍋之後就開始炒料，等待料差不多炒好了，接著加入麵拌炒。

SAUCE　得煮醬汁的義大利麵

1	**2**	**3**
燉醬	煮麵	拌煮
首先煮花時間的醬汁。	燉煮時轉小火，這時開始煮麵。	倒入煮好的麵和醬汁一起拌煮。
🕐 約 20 至 30 分鐘	🕐 約 10 分鐘內	

STIR FRY　清炒就可的義大利麵

1	**2**	**3**
煮麵	炒料	拌炒
先準備滾水鍋煮麵。	待麵下鍋之後就開始炒料。	料差不多炒好了，接著加入麵拌炒。
🕐 約 10 分鐘內		

Q10 每次煮海鮮義大利麵，食材總是會變老變硬？

海鮮需要的烹煮時間比麵短，建議炒料時，如果覺得煮得差不多了，就先盛起海鮮，接著放入麵和醬汁拌炒，最後再放回海鮮，會比較不會影響口感。

Q12 煮義大利紅醬的麵時，不喜歡酸味太重，該怎麼辦？

一般來說，如果把番茄醬汁煮久一點的話，酸味就會減少了，大約煮 20 至 30 分鐘，整個番茄的酸澀味，就會變成溫潤帶甜的味道。

Q11 當餐煮太多而吃不完的麵，還能再使用嗎？如何保存？

建議已經水煮過的義大利麵要當餐烹調完畢較佳，吃多少就煮多少，因為隔夜的麵味道會變得比較不好。如果實在煮太多用不完又怕浪費，可以像義大利媽媽們一樣，把剩下的隔夜麵拿來做烘蛋料理。

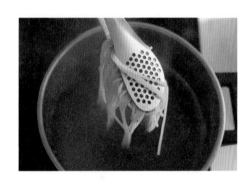

Q13 書中食譜有用到不同起司來做義大利麵，它們的特色是什麼？

「Parmigiano reggiano 帕米吉安諾起司」，是義大利原產地證明的硬質起司，這種硬質起司如果是在義大利以外的國家所製作的，就不能使用它的名稱，只能稱為「帕瑪森起司」。另外書中還有使用到焗烤用的莫扎瑞拉起司，這種起司是新鮮的軟質起司。

CHAPTER

2

Recipes : homemade
Pasta Sauces

義大利麵的美味法則—
醬汁變化與麵型搭配

TOPIC

2-1

醬汁的美味法則：
普遍對於醬汁顏色的誤解

在台灣吃義大利麵，大家可能很習慣用紅、白、青醬來選擇自己喜好的口味。但其實，在義大利不會用醬汁顏色來分類或對應麵型，餐廳菜單也不會如此設計菜色。義大利有 20 個大地區，有各自擅長的菜系和料理特色。比方說到貓耳朵麵，就會想到 Puglia 普利亞地區；說到熱內亞青醬，則是 Liguia 利古里亞大區很有名；還有許多人愛的肉醬，就源自波隆那，那裡才有最道地美味的肉醬，當地人只要聽到菜名，就會知道是源自哪個區的料理。

多年前在義大利旅居時，和當地人、料理老師學做料理，發現義大利麵對他們而言再家常不過了，他們不會特地到紅蝦餐廳吃義大利麵，也不會被醬汁顏色所限制，今天家裡有什麼食材就做什麼樣的義大利麵。雖然食材組合自由，但有幾個飲食習慣：義大利人做海鮮義大利麵是不加起司的，也不會拿來焗烤，因為起司會蓋過鮮味；他們在麵裡也不會放大塊肉，因為義大利麵是他們一餐中的第一道菜，主菜才會有肉類上桌。

在這本書中，因為考慮到大多數人的飲食習慣，所以仍用顏色來發想設計食譜，但每個顏色的醬汁有不同食材為主角，不是只有番茄醬、奶油醬、羅勒醬如此單一，而是希望大家嘗試更多種醬汁做法、開拓更多料理可能性。

TOPIC

2-2

紅色的醬

RED SAUCE

　　說到紅醬，大家直覺會想到番茄做的醬，像是番茄泥，但想要煮出道地的
義大利味，建議直接使用義大利產的番茄罐頭。一聽到「罐頭」，不了解的
人可能會想，怎麼不直接用新鮮番茄做醬呢？以下先帶大家認識各種常見的
番茄罐頭是如何製作的，以及它們的烹調特性、應用法，包含整顆、切丁、
番茄泥、番茄膏，才能更精準做出富有義大利風味的醬汁。

認識不同番茄罐頭用法！

Concentrato
濃縮番茄膏

經過烹煮與濃縮過的番茄膏，在烹調使用量上只需要一點，可搭配番茄泥、剝皮番茄等產品一起料理。製作以番茄為基底的料理，又需要重一點的番茄顏色及風味時，可適時加一點番茄膏，或者有些不以番茄為素材的料理，也可加上一點點番茄膏做提味使用，例如：豆子蔬菜湯。又或者有時候燉煮完成的料理，最後想要增加一點番茄風味，又不想影響到原料理的水量時，也可以稀釋一點番茄膏加進去。

Passata
番茄泥／番茄醬

將番茄加熱烹煮並且稍微濃縮過，再過篩去皮去籽將完成的番茄泥／番茄醬，口感細緻、番茄味道濃厚，適用以番茄風味為主題的料理、不需要烹煮太久、能快速完成的義大利料理上，例如：番茄培根吸管麵、羅馬著名的「生氣的香辣茄汁筆管麵」、煙花女義大利麵、各種番茄燉飯、番茄濃湯、義大利番茄肉丸、番茄燴鮪魚、番茄煮高麗菜捲等等，也可經過調味後當成披薩抹醬，或是調製雞尾酒時也可以使用。

Pelati
整顆剝皮番茄

將新鮮番茄稍微加熱並處理去皮，再保存在醬汁中，是最接近新鮮番茄的味道，適合使用於各種料理，或是要燉煮久一點的料理類型，例如：義大利料理中熟為人知的義大利肉醬、獵人燉雞、番茄魚湯。使用前，先以叉子壓爛或用食物調理機打成泥，如果需要更細緻的口感，可將籽取出，用網篩瀝出汁，切碎果肉後再與瀝出的汁一起使用。果肉亦適用於不需烹煮的涼拌料理上，或拿來攪打果汁、做冷湯等，也可用在得快速烹煮但又想要保留番茄塊狀的料理上，像番茄煮魚排、番茄炒蛋、番茄炒時蔬等。

Polpa
番茄碎丁（有果肉）

這類番茄碎丁的加工過程較少，含切碎的番茄果肉及番茄汁，有新鮮番茄的清新風味，與整顆剝皮番茄的使用方法一樣，很適合要長時間烹煮的料理，例如：義大利料理的義大利肉醬、獵人燉雞、番茄魚湯；此外，中式料理的番茄滷排骨、番茄燉牛肉等也可以。另一方面，因為比較接近新鮮番茄的風味，也適合拿來取代新鮮番茄，做一些涼拌菜，像是和羅勒、大蒜、橄欖油、鹽與黑胡椒拌一拌，搭配烤麵包片，或者跟義大利麵拌一拌做成義大利番茄羅勒涼麵，也適合製作需要清新風味的番茄冷湯。

Tomato Sauce

用新鮮番茄做濃稠紅醬

世界上最適合煮醬汁的番茄—聖馬扎諾番茄

如果想要使用新鮮番茄來煮紅醬也可以，目前台灣也開始種植「聖馬扎諾番茄」，聖馬扎諾番茄有著「世界上最適合煮醬汁的番茄」之稱，長形的聖馬扎諾皮薄肉厚，籽少、味道濃厚、甜而酸度低，很適合來煮紅醬喔！以下煮紅醬步驟是用牛番茄來示範，但做出來的味道會偏清淡，想要濃郁滋味的人，仍建議使用聖馬扎諾番茄。

食材

　成熟的聖馬扎諾番茄
　　（或牛番茄 4 顆）
　大蒜 1 瓣（切片）
　特級橄欖油 50ml
　鹽 適量
　黑胡椒 適量
　羅勒葉 數片（可省略）

做法

1　將大蒜切片，備用。

2　在番茄的屁股上劃十字刀，放入滾水川燙 30 秒後撈出泡冰水。

3　剝下番茄皮，切成 4 瓣，挖去中間的籽，切成小塊。

4　熱鍋，鍋中放入蒜片，再加橄欖油，倒入番茄塊；轉小火，加鹽及黑胡椒煮 30 至 35 分鐘即可。

5　手撕幾葉羅勒葉，做成羅勒風味的番茄醬汁。

一般醬汁都要與麵條在鍋中拌炒才行，唯獨這種濃稠紅醬是上桌前直接鋪在麵上即可，像是波隆那肉醬、拿坡里肉醬、鴨肉醬、野豬肉醬、香腸肉醬等。因為夠濃厚，能讓麵條輕易與醬汁結合。我們常以為肉醬麵就是紅通通的顏色，但道地的義大利肉醬並不是以番茄醬汁為基底，番茄只是少量使用來增加它的甜味及酸味，多一點味覺的層次。道地的波隆那肉醬和手切寬麵 Tagliatelle、千層麵 Lasagna 搭配，或塞入 Cannelloni（圓管）裡頭，而不會使用 Spaghetti，因為 Spaghetti 無法抓住醬汁。

Tagliatelle al ragù alla bolognese

● 波隆那肉醬麵

（濃稠紅醬）

在義大利吃的肉醬麵都一定好吃嗎？錯！只有在義大利肉醬麵的發源地—波隆那，才能吃到正港好吃的義大利肉醬麵，Winnie 曾到波隆那學習道地的波隆那肉醬麵，那個配方完全不加一滴水或高湯。在義大利的料理老師說，他小時候的工作就是每 10 分鐘攪拌一次醬汁防止焦鍋，如果我們用鑄鐵鍋或有節能版，就更省工。

適用麵型

長型麵

細小麵型不適用

食材（約 8 人份醬）

寬麵 160g
牛絞肉 600g
義式培根 300g（切丁）
罐頭番茄泥 600g
洋蔥 100g（切細丁）
紅蘿蔔 100g（切細丁）
西洋芹 100g（切細丁）
紅酒 250ml
牛奶 250ml
特級橄欖油 6 湯匙
鹽 適量
黑胡椒 適量
帕米吉安諾起司 適量

做法

〈製作肉醬〉

1 在鍋中倒入 6 湯匙橄欖油，先炒蔬菜丁（洋蔥、紅蘿蔔、西洋芹）約 10 分鐘，再加入培根丁炒 10 分鐘，然後加入牛絞肉炒約 10 分鐘至上色，加適量的鹽。

2 倒入紅酒，煮至酒精完全揮發。

3 加入番茄泥，用小火續煮 90 分鐘，加鹽及黑胡椒調味。

4 加入牛奶煮一下後熄火。

MEMO

燉這款肉醬請用深鍋，才能保持熱度，並煮出像天鵝絨般的滑順質地。通常要熬煮 3 小時以上，待絞肉開始軟化融合於液體中，最後加牛奶是為了中和番茄的酸味。建議可以將醬汁一次熬起來，再分裝小包放冷凍庫保存，當餐烹調時很方便。

〈煮麵〉

備一大鍋滾水加粗鹽，依包裝指示時間將義大利麵煮至彈牙。

〈盛盤〉

將麵盛盤，淋上肉醬，刨上起司即可。

STEP BY STEP

Time-saving Recipe

取代義式培根 Pancetta 的 簡易醃肉法

我的波隆那肉醬配方中用了義式培根 Pancetta，如果買不到，也可以在家做簡易的醃肉來代替！

食材

五花肉 1kg
大蒜 1 瓣（打成泥）
粗鹽 大量
　（依肉塊面積調整）
黑胡椒粉 大量
　（依肉塊面積調整）

做法

1　將鹽平均撒滿在五花肉上，將表面都包裹上一層鹽，以保鮮膜包起來，放入冰箱冷藏 5 天。

2　取出後，將五花肉塊表面的鹽洗淨後擦乾，表面塗上蒜泥，再鋪上一層黑胡椒粉，放在網架上（可以通風的地方），放入冰箱風乾熟成 5 至 7 天，即可使用於製作波隆那肉醬上，或是分切後放冷凍庫保存，請於半年內食用完畢。

Rigatoni al ragù napoletana

● 拿坡里肉醬麵

（濃稠紅醬）

義大利最著名的肉醬除了波隆那肉醬之外，就是拿坡里肉醬了，有別於波隆那肉醬使用絞肉，拿坡里則使用整塊的肉，包含便宜的豬肉牛肉，長時間慢火燉煮，將肉味釋放至番茄醬汁中，拿坡里人形容是「Pippiare」，潛移默化地燉煮。傳統做法需要長時間甚至 7、8 個小時來煮，這類得要耐心與全心全意的料理通常是在假日午餐時端出。考慮到讀者需求，Winnie 將工序濃縮簡化，讓平日也可以上菜！

適用麵型

短型麵

細小麵型不適用

食材（約 6 人份醬）

吸管麵 160g（或筆管麵）
五花肉 300g
　（請挑較不肥的，切大塊）
豬小排 3 根
牛腿肉 300g（切大塊）
洋蔥 1 顆（切丁）
豬油 1 大匙
　（也可全數以橄欖油取代）
特級橄欖油 適量
番茄泥 500g
濃縮番茄膏 1 大匙
　（先加水稀釋）
紅酒 200ml
羅勒葉 1 把
鹽 適量
黑胡椒 適量
帕米吉安諾起司 適量
　（或帕瑪森起司粉）

做法

〈製作肉醬〉

1　用鑄鐵鍋或材質較厚的燉鍋，倒入豬油、橄欖油加熱，加入五花肉塊、牛腿肉塊、豬小排，讓全部的肉都煎至上色後取出，備用。

2　原鍋加入洋蔥續炒至透明，加入煎好的所有肉。

3　加入紅酒煮至酒精揮發後，加入番茄泥、以水稀釋的番茄膏及羅勒葉，以及鹽及黑胡椒，煮滾後蓋鍋，以小火煮 2 小時。

〈煮麵〉

備一大鍋滾水加粗鹽，依包裝指示時間將義大利麵煮至彈牙。

〈盛盤〉

1　盛起麵，淋上適量醬汁，鋪上用叉子撕碎的肉。

2　最後，磨起司及羅勒葉裝飾。

Bucatini all'Amatriciana

辣味番茄培根
吸管麵（中等稠度紅醬）

這道麵來自於羅馬所在的拉齊歐大區中的一個小鎮 Amatrice，義大利原始使用的是風乾豬臉頰肉（Quanciale），以及來自當地的 Pecorino 羊起司，一定得要配 Bucatini 這種像吸管中空形狀的乾麵條，這就是道地的「阿瑪翠斯辣味番茄培根吸管麵」，這道義大利麵在 2020 年已經被歐盟列入保證傳統特產（TSG）中了。

關於辣味，相較於北義，義大利南部及西西里是較喜歡辣椒的地區，會廣泛使用卡拉布里亞辣椒，這種辣椒長得比較短小，是深紅色的，帶有鹹及煙燻風味；一般來說，除特定區域外，大部分的義大利人是不太吃辣的。

適用麵型

吸管麵

細小麵型不適用

食材（約 2 人份醬）

吸管麵 160g
義式培根 100g（切細條）
特級橄欖油 適量
大蒜 1 瓣（拍碎）
洋蔥 60g （切碎）
罐頭番茄泥 200g
辣椒片 ½ 小匙或辣椒 1 大匙
　（辣度依個人喜好增減）
白酒 40ml
鹽 適量
黑胡椒 適量
佩科里諾羊奶起司 10g
　（或帕瑪森起司粉）

做法

〈製作肉醬〉

1　用平底鍋加熱橄欖油，炒培根條至上色，加入蒜碎及辣椒片。

2　加入洋蔥碎，炒至稍微變色，倒入白酒煮到收乾。加入罐頭番茄泥，加鹽及黑胡椒調味，轉小火煮 15 分鐘。

〈煮麵〉

煮醬的同時，備一大鍋滾水加粗鹽，依包裝指示時間再減 1-2 分鐘煮義大利麵。

〈拌炒〉

1　將煮好的麵及適量的煮麵水倒入平底鍋拌炒至喜好的軟硬度，離火後磨起司粉拌一拌，以鹽及黑胡椒調味。

2　盛盤，可另外撒上起司粉享用 。

Pasta alla puttanesca

● 煙花女義大利麵

煙花女義大利麵是一道食材非常少、能迅速煮好的超美味義大利麵,它使用的食材全都是廚房裡的常備罐頭,包含油漬鯷魚、番茄罐頭、酸豆、黑橄欖等。這道麵食的來源眾說紛云,而五彩繽紛的食材顏色就如何煙花女的內衣一般,吸引著顧客的目光。

適用麵型

細長麵

粗寬麵型不適用

食材(約 2 人份醬)

直麵 160g
大蒜 1 瓣(切薄片)
新鮮辣椒 1 根(切圓片)
罐頭油漬鯷魚 1 尾
罐頭番茄泥 200g
酸豆 20g(切碎)
去核黑橄欖 50g(切片)
特級橄欖油 適量
鹽 適量
黑胡椒 適量
巴西利 適量(切碎)

做法

〈煮麵〉

備一大鍋滾水加粗鹽,依包裝指示時間再減 1-2 分鐘煮義大利麵。

〈拌炒〉

1 用平底鍋加熱橄欖油,以小火炒蒜片、辣椒片及鯷魚,炒至鯷魚散開。

2 加入罐頭番茄泥及酸豆碎、黑橄欖片炒一下,煮5 至 6 分鐘,加鹽及黑胡椒調味。

3 加入義大利麵,以及少許煮麵水,稍微拌炒一下。

〈盛盤〉

將麵盛盤,撒上切碎的巴西利。

Polpo affogato

● 溺水的章魚

這道菜是拿坡里著名的料理，原名為「露淇亞納章魚 Polpo alla Luciana」，在聖塔露淇亞區當地的漁民們會用古羅馬人的捕撈技術，在夜間將雙耳陶罐放在海底，章魚在夜裡就躲到陶罐裡休息，等待白天後，漁民就可以將所有連著繩子的陶罐一起拉起，這種技術能捕獲到既新鮮又不會因為碰撞受傷讓肉質變硬的美味章魚。

據稱以前的拿坡里的攤商會在街頭販售章魚肉湯以撫慰窮人的胃，作家 Giuseppe Marotta 稱這道料理為「窮人的章魚口香糖」。

那麼，為何稱「溺水的章魚呢」？ 因為章魚在烹煮的過程中會生出大量的水，它就在它自己生出來的水裡被煮熟了，章魚經過長時間烹煮，肉質軟嫩可口，醬汁也是海味十足，非常推薦這道菜。

適用麵型

水管麵

寬扁小麵型不適用

食材（約 4 人份醬）

水管麵 160g
章魚 1 隻
（約 1 公斤，選寬大、腳粗的章魚為佳，請魚販把章魚頭翻面並除去內臟，買回家後再除去眼睛、嘴部）
整顆去皮番茄罐頭 6 顆
（或牛番茄）
大蒜 2 瓣（拍扁去皮）
特級橄欖油 6 湯匙
巴西利 1 束（切碎）

MEMO

1 買不到整隻章魚的話，也可用大章魚腳（約 6 隻，總重 1 公斤左右）或中小型章魚。挑選時，留意真正的章魚腳會有兩排吸盤，呈現紅橙色是越新鮮。

2 煮章魚之前，先用槌子將章魚腳槌一槌，可讓它的肉質軟化；或冷凍 12 小時，也一樣有肉質軟化的效果。

3 每 600g 的章魚需煮 30 分鐘，大概在 20 分鐘時可先檢查一下軟硬度。

做法

〈製作醬汁〉

1 在有點深度的鍋中加入橄欖油及大蒜，接著開火，等大蒜發出香氣時，用叉子叉入章魚腳前端肉多的地方，放入鍋中炸一下再提起，約幾次左右至章魚腳捲起，接著將整隻章魚放入鍋中。

2 如果使用去皮番茄罐頭，先打成泥（若用牛番茄，就切對半，太大顆則切 4 瓣），一起加入做法 1 中煮滾，蓋鍋，用小火煮約 40 至 50 分鐘即可（以叉子叉入章魚腳，能輕易穿透的程度）。

〈煮麵〉

備一大鍋滾水加粗鹽，依包裝指示時間再減 1-2 分鐘煮義大利麵。

〈拌煮〉

取出章魚，取適量醬汁煮至稍濃稠狀，加入義大利麵，煮至喜好的軟硬度即可。

〈盛盤〉

加上切塊的章魚肉，最後撒上巴西利碎。

除了用羅勒做醬,青醬還有無限可能!

說到青醬,可能許多人會聯想到「九層塔醬」,但在義大利是用甜羅勒做青醬,它的氣味較淡雅,色澤較淺,葉片圓潤。著名的青醬來自義大利西北部的利古里亞,在熱內亞西部海岸所產的羅勒具有最棒的香氣;還受到原產地保護證明(D.O.P),整株羅勒香氣最佳的是頂端部分。

傳統羅勒青醬是以研砵及杵來槌打及研磨製成(Pestare),故名為「Pesto」,義大利傳統羅勒青醬除了加帕米吉安諾起司,還有一半量的薩丁尼亞羊起司Pecorino sardo,風味獨特,大家可以試看看喔!

除了以羅勒製作外,義大利還有許多地區也有些特色青醬的做法,運用各種綠色的香草:巴西利、薄荷、馬郁蘭;或是蔬菜,像芝麻葉、櫛瓜、蘆筍、碗豆、蠶豆、花椰菜,還有酪梨也是很好的選擇,以下介紹一些其他地區的特色青醬做法:

在義大利當地,用來搭配羅勒青醬的麵型有:Trenette(類似我們所知的扁舌麵)、Trofie 特飛麵(用手工搓出微捲的短條麵)、印章麵(圓形如硬幣,兩面都蓋有徽章的圖案)。而在台灣適合使用的麵型如直麵、扁舌麵、筆尖麵、筆管麵、耳朵麵、螺旋麵、蝴蝶麵等。

義大利人除了用羅勒醬來做義大利麵,也會放一匙在蔬菜湯上增添風味,Liguia利古里亞地區就是如此;或是拿來乾拌馬鈴薯麵疙瘩也很好吃,在利古里亞當地的各家熟食店也有自己的配方口味。

Linquine con pesto alla genovese

● 馬鈴薯四季豆
青醬扁舌麵

（傳統熱內亞羅勒青醬）

適用麵型

不限

大家如果到了義大利吃青醬麵一定會被嚇到！因為沒有海鮮！沒有雞肉！只有寒酸的「馬鈴薯」跟「四季豆」！如前面章節裡提到的，義大利麵是當餐的第一道菜，接下來還有第二道主菜的肉、魚或海鮮的緣故！

通常，義大利人在煮麵的同時，會依蔬菜煮熟的難易度，分批下鍋一起烹煮，其中一個原因是讓麵條能吸取蔬菜的味道。

食材（約 2 人份醬）

扁舌麵 160g
馬鈴薯 75g（去皮切丁）
四季豆 30g
　　（去筋，切 3 至 4cm 長段）
帕米吉安諾起司 適量
鹽 適量
黑胡椒 適量

〈青醬〉做好的醬，
只取一半的量來拌炒

松子 20g
大蒜 1/2 瓣
甜羅勒 50g
帕米吉安諾起司粉 15g
特級橄欖油 100ml
鹽 適量
黑胡椒 適量

做法

〈製作青醬〉

1　先用滾水燙一下甜羅勒，取出泡冰水，擠乾水分備用。

2　平底鍋不加油，乾烤一下松子至有香氣後盛起，留少許做最後裝飾使用。

3　黑胡椒、甜羅勒、大蒜，打成均勻泥狀。取一半量來拌炒用。

〈煮麵〉

備一大鍋滾水加粗鹽，依包裝指示時間再減 1-2 分鐘煮義大利麵，煮麵中途先加入馬鈴薯丁，最後剩 2 分鐘時再加入四季豆一起煮。

〈拌炒〉

1　在平底鍋中倒入青醬加熱，加入適量煮麵水。

2　將煮好的麵條、四季豆及馬鈴薯丁撈出，加入平底鍋中和青醬混合拌炒，加鹽及黑胡椒調味即可盛盤。

MEMO

1 想要青醬不會變色，維持鮮綠的秘訣：先以滾水燙過甜羅勒葉，可以阻止酵素活動，酵素是造成氧化變黑的原因。

2 青醬保存法：先不加起司粉，表面倒入一層橄欖油，密封後放入冰箱冷藏可保存數週，如果加了起司粉，於 4 天內要使用完畢，或做成冰磚，放冷凍可保存至半年。

3 建議可以到假日花市買甜羅勒小盆栽，挑選約 30cm 高度、葉子多一點的新鮮盆栽，大約可做兩次青醬。

米蘭式蘆筍
青醬直麵

在米蘭，有一道著名的主菜，叫做「米蘭式蘆筍 Asparagi alla milanese」，這道菜使用燙熟蘆筍鋪底，再擺上蛋黃未熟的太陽蛋，輕輕撒上鹽、胡椒與起司粉，最後淋上加熱融化的奶油再享用。我以這道有名的菜來發想，用義大利麵來詮譯這道菜，做法不繁複但非常好吃。

適用麵型

不限

食材（約 2 人份醬）

直麵 180g
粗鹽 適量
雞蛋 2 顆
帕米吉安諾起司 適量
奶油 20g
黑胡椒 適量

〈蘆筍青醬〉

蘆筍 200g
（切掉尾端粗莖，削去
粗皮，留前段筍尖處
約 5cm，拿來拌炒用，
其餘切段）
大蒜 1 瓣
特級橄欖油 適量
鹽 適量
黑胡椒 適量
帕米吉安諾起司粉 10g

做法

〈製作蘆筍青醬〉

1　備一滾水鍋加鹽，燙熟蘆筍段，取出瀝乾，備用。

2　蘆筍段放入攪拌杯或食物調理機中，與大蒜、特級橄欖油、鹽及黑胡椒一起打成糊狀.

3　將蘆筍青醬倒入碗中，再加入起司粉拌勻。

〈煮麵〉

備一大鍋滾水加粗鹽，依包裝指示時間再減 1-2 分鐘煮義大利麵。

〈煎蛋 & 拌炒〉

1　用平底鍋加熱橄欖油，打入雞蛋，等蛋清全熟、蛋黃未熟時盛起，備用。

2　原鍋內放入蘆筍尖，炒至上色。

3　續加入蘆筍青醬、適量煮麵水加熱，將煮好的直麵加入平底鍋中拌炒至喜好的軟硬度，加鹽及黑胡椒調味。

〈盛盤〉

鋪上煎蛋，淋上一點加熱融化的奶油，刨數片帕米吉安諾起司，撒上黑胡椒。

MEMO

1 洗淨巴西利葉後務必擦乾水分，或
事先以開水燙過，這樣攪打醬時較
不會氧化變黑。

2 「跑活水」是為了去除豬舌肉的雜
質及腥味。

3 煮完豬舌肉的湯汁不要丟棄，可以
做高湯使用。

Pasta all bagnet verd con il bollito

義式水煮肉佐
皮耶蒙青醬筆管麵

（皮耶蒙巴西利青醬）

來自北義皮耶蒙的特色青醬，這款醬帶點酸，很有層次，是由巴西利組成，一般來搭配當地著名的綜合水煮肉，我把它拿來搭配義大利麵。他們的水煮肉就類似我們熟知的「黑白切」，義大利食譜中使用了豬舌帶肉，若你覺得不好買，也可水煮嘴邊肉、肝連來代替。單純做這款青醬拿來搭配烤麵包片、魚類以及馬鈴薯沾著吃也很對味。

適用麵型

不限

食材（約 2 人份醬）

寬麵 160g
鹽 適量
黑胡椒 適量

〈水煮肉〉

豬舌帶肉 600g
洋蔥 1/2 顆
紅蘿蔔 1/2 根（切大塊）
西洋芹 1 根
丁香 1 根（插入洋蔥中）
黑胡椒粒 5 顆
月桂葉 1 片

〈皮耶蒙巴西利青醬〉

巴西利葉 50g
麵包粉 30g
大蒜 1 瓣
酸豆 1/2 小匙
煮熟的蛋黃 1 顆
白酒醋 1 大匙
油漬鯷魚 1 尾
特級橄欖油 75ml
鹽 適量
黑胡椒 適量

做法

〈製作水煮肉〉

1 備一個冷水鍋（有點深度的鍋子），放入豬舌帶肉，小火煮約 30 分鐘跑活水，水滾後撈起豬舌肉，瀝掉水分並洗淨，再放回原鍋中。

2 加入其他材料，倒入蓋過食材的水量，煮滾後轉小火煮 1 小時，撈起豬舌肉，備用。

〈製作皮耶蒙巴西利青醬〉

1 將麵包粉放入碗中，加入白酒醋泡濕，瀝乾水分，備用。

2 先用滾水燙一下巴西利葉，取出泡冰水，擠乾水分，備用·

3 在食物處理機中倒入橄欖油，放入其他所有食材，一起打至糊狀，放置半小時以上，靜置入味。

〈煮麵〉

備一大鍋滾水加粗鹽，依包裝指示時間再減 1-2 分鐘煮義大利麵。

〈拌炒〉

1 在平底鍋中加入皮耶蒙巴西利青醬一大勺（或 4 大匙左右），加入適量煮麵水，開火加熱。

2 將煮好的麵加入青醬中混合，煮至喜愛的軟硬度，加鹽及黑胡椒調味。

〈盛盤〉

鋪上切片豬舌，再淋上青醬即可。

Fusili con pesto di edamame

of the best-selling cookbook
ll of Fame. After
a new level of awesomeness for the past 4
her childhood influenced her care

OOD AS A CHILD

WHAT DO YOU DO WHEN YOU MOST SMALL GATHERINGS AT HO
I like to make an assortment of contrasting simple vegetarian
or combined on a plate for a light meal. My favorite
time, just because I love to sketch.

WHAT KIND OF SKILLS AND TRAITS W
Passion. The permission to impro

WHAT DO YOU KNOW N
1. That having fo
2. That let's g
3. My

● 培根毛豆青醬
螺旋麵

適用麵型

不限

食材（約 2 人份醬）

| 螺旋麵 150g
| 培根 100g（切長條）
| 帕米吉安諾起司 適量
| 熟毛豆 適量

〈毛豆青醬〉

| 新鮮或冷凍毛豆 75g
| 大蒜 1 瓣
| 薄荷 1 小枝（切碎）
| 檸檬汁 1/2 湯匙
| 帕米吉安諾起司 20g
| 鹽 適量
| 黑胡椒 適量
| 特級橄欖油 2 大匙
| 薄荷葉 少許（裝飾用）

MEMO

1 如果有放「佩科里諾羊奶起司」，
　味道更棒喔！

2 打好的毛豆醬可放入乾淨無水分的
　密封罐中，放冰箱冷藏可保存 2 至
　3 天，也可以冷凍保存。

3 可以在打醬前的 1 個小時，把攪拌
　機的刀片先放入冰箱，可防止攪打
　的過程中升溫太快，而造成食材的
　氧化變色。

這道料理發想自義大利的「蠶豆醬 Pesto di fave」，它跟羅勒青醬同樣來自於利古里亞，那裡的春季是蠶豆產季，一般農民家庭會準備這道醬來塗抹麵包，搭配義大利麵或烤肉也都相當適合！

在台灣，因為蠶豆種植少且產季短，僅在清明節過後的兩個月內買得到。有一次 Winnie 想要教這道美味料理，但找不到新鮮蠶豆，後來決定用毛豆來試看看，結果一樣好吃喔～

做法

〈製作毛豆青醬〉

1 備一大鍋滾水加鹽，將毛豆煮約 5 分鐘至軟，預留 1 大匙毛豆做裝飾用，煮豆的水留下備用。

2 將剩下的毛豆放入食物調理機中，加入 2 大匙橄欖油、薄荷葉碎、檸檬汁、大蒜及少許鹽及黑胡椒，一起打成泥（若太乾打不動，則加適量的煮豆水）。

3 使用前，再磨入起司粉拌勻。

〈煮麵〉

備一大鍋滾水加粗鹽，依包裝指示時間再減 1-2 分鐘煮義大利麵。

〈拌炒〉

1 用平底鍋加熱橄欖油，用小火將培根條煎成金黃色，取出備用。

2 原鍋加入煮麵水及毛豆青醬、放入煮好的麵拌炒至喜愛的軟硬度，最後倒入預留的熟毛豆拌一下即可。

〈盛盤〉

撒上培根條，另刨上起司粉。

Linquine con pesto di gremolata e gamberi

鮮蝦檸檬青醬
扁舌麵
（米蘭式檸檬巴西利青醬）

這道青醬是著名的「米蘭式燉小牛膝 osso bucco alla Milanese」的佐醬，也很適合和烤雞或烤魚一起享用。主要使用的香草是「義大利平葉巴西利」，又稱歐芹、義大利香芹，是世界上使用最廣泛的香草之一。

適用麵型

不限

食材（約 2 人份醬）

扁舌麵 160g
鮮蝦 10 隻（去殼留頭尾）
乾辣椒片或新鮮辣椒 適量
特級橄欖油 適量
黃檸檬皮屑 少許

〈米蘭式檸檬青醬〉

巴西利 30g
大蒜 1 瓣
黃檸檬皮屑 1 顆
特級橄欖油 50ml
鹽 適量
黑胡椒 適量

做法

〈製作米蘭式檸檬青醬〉

1 備一滾水鍋，燙一下巴西利後取出泡冰水，擠乾水分備用。

2 將燙過的巴西利、其他食材放入食物調理機打成均勻泥狀，加檸檬皮屑拌勻備用。

〈煮麵〉

備一大鍋滾水加粗鹽，依包裝指示時間再減 2 分鐘煮義大利麵。

〈拌炒〉

1 用平底鍋加熱少許橄欖油，將鮮蝦兩面煎至上色，取出備用。

2 原鍋加入煮麵水煮一下，倒入檸檬青醬加熱，放入煮好的扁舌麵拌炒至喜愛的軟硬度，最後放回蝦子拌一下即可。

〈盛盤〉

刨一些檸檬皮屑。

Capellini con pesto di avocado

● 油漬番茄拌酪梨醬
天使細麵

酪梨是營養豐富的超級食物，它的植物性油脂口感滑順，我在設計食譜時，覺得它應該會很適合義大利麵。如果製作時又剛好是酪梨產季的話，很推薦做這道義大利麵料理來嚐嚐，選用美國酪梨來做的味道又更加濃郁！

吃的時候，可以另外加上乾煎小番茄，煎過的小番茄會帶有甜味，和這道義大利麵味道很搭。

適用麵型

不限

食材（約 2 人份）

天使細麵 160g
油漬番茄乾 4 塊（切小塊）
小番茄 10 顆（縱切對半）

〈酪梨醬〉

酪梨 1 顆（切大塊）
松子 20g
　（也可換其他堅果）
檸檬汁 少許
鹽 適量
黑胡椒 適量

松子 少許
　（和要打成醬的一起乾烤）

做法

〈製作酪梨醬〉

1　平底鍋不加油，乾烤松子至有香氣。
2　酪梨 1 顆、乾烤過的松子20g、檸檬汁少許，鹽及黑胡椒適量打成泥。

〈煮麵〉

煮醬的同時，備一大鍋滾水加粗鹽，依包裝指示時間再減 1-2 分鐘煮義大利麵，取出沖冷水。

〈拌炒〉

1　用平底鍋加熱橄欖油，將小番茄切口朝下，煎至上色焦香，取出備用。
2　在大碗中放入天使細麵、酪梨醬及油漬番茄乾先拌勻。

〈盛盤〉

鋪上煎好的小番茄，撒上松子。

TOPIC

2-4

白色的醬

WHITE SAUCE

學做清爽以及濃郁的白色醬,還有千層
麵!

　　對義大利人來說,他們的白醬就是拿
來焗烤千層麵,義大利的老奶奶會自己炒
白醬做千層麵,有各個家庭家傳的配方。
千層麵是假日裡的大菜,家人親友聚餐時
才會端上桌,平日想吃的話大多直接去超
市買熟食,因為千層麵製作實在很費工費
時。義大利的傳統做法是:將千層麵煮熟
後,先泡冷水再充分瀝乾確實擦乾,然後
自己煮紅醬或白醬來搭配,從麵皮到醬汁
都是全手工,才會最道地好吃。

　　在此章節裡有教大家自己煮白醬,但
會依你選擇的奶油種類而影響白醬風味

口感。我自己是挑選法國的發酵奶油,
煮出來的白醬較清爽不膩,如果是用紐
西蘭或澳洲奶油,煮出來的白醬就偏濃
郁,這是因為法國和紐西蘭的氣候和養
殖牛隻的方式不同的緣故,大家可依喜
好做挑選。

　　不少人對於白醬的印象之一是使用鮮
奶油,但其實義大利人用鮮奶油只是點
綴,並不會大量使用,反而是用起司來
補足整體味道。我們一般在餐廳吃到會
加鮮奶油的義大利麵,主要是為了防止
麵條沾黏,因為加起司拌炒乳化的話,
麵條容易糊黏在一起。

Pasta in Bianco

義大利媽媽的
奶油起司拌麵

在義大利，這道菜叫「Pasta in Bianco 白麵條」，只有奶油（或橄欖油）及起司粉、調味很單純的義大利麵，就跟台灣的「豬油拌飯」一樣（早期台灣媽媽為了給孩子填肚子，在白飯上拌點豬油及醬油就無敵美味！），便宜又簡單，是每個人心中最想念的古早味！至於用奶油或橄欖油都可，南義使用橄欖油，北義則是奶油。

適用麵型

薄寬麵

食材（約 2 人份醬）

寬麵 200g
奶油 50g
帕米吉安諾起司 適量
黑胡椒 適量

做法

〈煮麵〉

備一大鍋滾水加粗鹽，依包裝指示時間將義大利麵煮至彈牙。

〈拌合〉

1　在大碗中倒入少許煮麵水，讓煮麵水將碗內完全溫熱後倒出，將煮好的麵放入碗中。

2　加入奶油 25g，快速拌至奶油被吸收進麵條裡，接著再加幾湯匙的煮麵水，續加入 25g 奶油拌至充分混合。

〈盛盤〉

磨些起司粉及黑胡椒即可。

MEMO

1 拌醬時，需分次加入奶油，這樣才能讓麵體充分吸收油脂，加入的煮麵水也不能太多，以免稀釋掉澱粉，而影響油脂的吸收。

2 有買到肉豆蔻的話，可以磨一點，增加風味。

Fettuccine Alfredo con pollo alle erbe in padella

阿爾弗雷多醬蕈菇寬麵佐香料雞排

Alfredo 醬是在羅馬某間餐廳發明的菜色，但之後卻在美國發揚光大，因此大部分的義大利人其實都沒聽過阿爾弗雷多醬。

原始的義大利版本和「Pasta in bianco 白麵條」一樣，但用很薄的麵體並快速煮熟，與奶油拌合再加上大量起司粉。當今世界各地的義大利餐廳，又多加了鮮奶油版本（感覺除了義大利人以外，許多國家都很喜歡鮮奶油！）我們就來做一道加了鮮奶油的變形版本吧～

適用麵型

寬麵

食材（約 2 人份醬）

寬麵 160g
杏鮑菇 2 根（手撕成細條）
大蒜 2 瓣（切片）
鮮奶油 1 杯（200ml）
奶油 20g
鹽 適量
黑胡椒 適量
肉豆蔻粉 1 小撮
帕米吉安諾起司 30g
特級橄欖油 適量
蝦夷蔥 適量（切碎）

〈醃料〉

義式綜合香料 1 小匙
紅椒粉 1/2 小匙
鹽 1 小匙
黑胡椒粉 適量

去骨雞腿排 2 塊
　（總重約 300g）

做法

〈醃雞腿〉

將雞腿排拍上混合好的醃料，醃 30 分鐘入味。

〈煮麵〉

備一大鍋滾水加粗鹽，依包裝指示時間再減 1-2 分鐘煮義大利麵。

〈拌炒〉

1　加熱平底鍋，不放油，將杏鮑菇絲不重疊平鋪，煎烤至上色、香氣釋出，取出備用。

2　用平底鍋熱橄欖油，將雞腿排兩面煎至金黃色，加入奶油 20g 融化後，取出雞排備用。

3　原鍋加入蒜片炒香，倒入鮮奶油煮，加鹽、黑胡椒，加肉豆蔻粉、磨起司粉 30g 加入拌勻。

4　加入煮好的寬麵及杏鮑菇絲拌炒均勻，可加適量煮麵水調整濃稠度。

〈盛盤〉

拌炒好的麵盛盤，鋪上切好的雞腿排，依個人喜好可加點切碎的蝦夷蔥。

Lasagna al ragù con besciamella

用傳統奶油白醬做
肉醬千層麵

在義大利，是以「Besciamella 白醬」來做義大利麵，大多應用於千層麵以及焗烤料理。義大利各地有不同形式的千層麵，而在肉醬麵的故鄉—波隆那，也有這道著名的肉醬千層麵，只是當地使用了加入菠菜與雞蛋的綠色麵皮。

千層麵的製作講究，若用自製的新鮮麵皮，還需煮熟麵皮後擦乾，才能一層層鋪上，這也難怪即使是當地超市熟食櫃賣的平民千層麵，也是分切秤重來賣，小小一塊價格還不親民呢！

適用麵型

千層麵

食材（約 2 人份醬）
需準備 20*30cm 大烤盤或數個小烤盤

波隆那肉醬 1 份
（做法請參 59 頁）

〈傳統奶油白醬〉

麵粉 75g
奶油 75g
牛奶 750ml（加熱成溫牛奶）
鹽 適量
黑胡椒 適量
肉豆蔻 適量

〈舖料組合〉

奶油 適量（抹烤盤用）
千層麵皮 適量
（市售的千層麵皮不需先煮過，可直接鋪盤）
帕米吉安諾起司粉 150g
（或帕瑪森起司粉）
莫扎瑞拉起司 450g
（切小丁，或用披薩起司絲）

做法

〈製作傳統奶油白醬〉

1 在鍋中加入奶油，加熱至出泡泡的狀態，接著倒入麵粉，用攪拌器不斷拌煮至沒有麵粉團為止，然後隔冷水鍋迅速降溫。

2 分次倒入溫牛奶，用打蛋器攪拌均勻，接著邊攪拌煮至濃稠程度，約 10 分鐘完成。

3 煮好後加鹽、黑胡椒，磨些肉豆蔻粉調味，沒有馬上用的話，先用保鮮膜貼著表面蓋好，備用。

〈製作千層麵〉

1 先在陶瓷烤盤內塗上一層奶油。

2 在底部先放一層白醬，接著放「千層麵皮→白醬→肉醬→帕瑪森起司粉→莫扎瑞拉起司丁」，接著重覆前述步驟。製作時，麵皮大小如果跟烤盤尺寸不合，扳碎麵皮來補滿空洞處。

3 放入預熱至 180°C 的烤箱，烤 30 至 40 分鐘，表面呈金黃色即可取出。烤完後靜置一小段時間，表皮會比較脆。

- 製作傳統奶油白醬 -

在鍋中加入奶油，加熱至出泡泡的狀態，接著倒入麵粉，
用攪拌器不斷拌煮至沒有麵粉團為止，然後隔冷水鍋迅速降溫。
分次倒入溫牛奶，用打蛋器攪拌均勻。

POINT

炒奶油及麵粉時，要徹底地炒，不然會有生麵粉味。
注意牛奶的溫度跟炒好的麵糊溫度要相近，才能一起拌合；比較不容易結塊，
牛奶得分次加，萬一結塊，徹底過篩就好。

接著邊攪拌煮至濃稠程度，約 10 分鐘完成。

煮好後加鹽、黑胡椒，磨些肉豆蔻粉調味，

沒有馬上用的話，先用保鮮膜貼著表面蓋好，備用。

●

- 製作千層麵 -

先在陶瓷烤盤內塗上一層奶油。

在底部先放一層白醬,接著放「千層麵皮→白醬→肉醬」。

POINT

我用的烤模尺寸約 22*35cm,如果沒有剛好的尺寸,

也可以依家裡有的烤模尺寸來做,

填入大小不同的烤模中使用完所有材料即可。

然後放「帕瑪森起司粉→莫扎瑞拉起司丁（或手剝小塊）」，接著重覆前述步驟。

製作時，麵皮大小如果跟烤盤尺寸不合，扳碎麵皮來補滿空洞處。

放入預熱至 180°C 的烤箱，烤 30 至 40 分鐘，表面呈金黃色即可取出。

烤完後靜置一小段時間，表皮會比較脆。

Lasagna con ragù di pollo e besciamella al tartufo nero

黑松露雞肉蕈菇
白醬千層麵

適用麵型

千層麵

松露在義大利是稀有而珍貴的食材，相較於白松露的稀有，黑松露較為常見，夏季產量比秋季更多，但香味不那麼濃烈，價格較親民。一般在台灣超市賣場看到的罐頭松露醬都是夏季黑松露，一經加熱，松露氣味就會消失，建議料理最後再加上。

松露醬除了用於義大利麵外，也可當成歐姆蛋包內餡蔬菜料的調味、松露燉飯、加入拌炒後的蘑菇丁當麵包抹醬、或搭配魚類都很適合。

食材（約 2 人份醬）

千層麵 2 ～ 3 片
白醬 250g
　（做法請參 92 至 93 頁「傳統奶油 白醬」，或用市售品）
洋蔥 1/4 顆（切碎）
鮮香菇 5 朵（切片）
去骨去皮雞腿肉 200g
　（切小丁）
帕米吉安諾起司 30g
莫扎瑞拉起司 100g
　（切小丁，或用披薩起司絲）
奶油 20g（抹烤盤用）
特級橄欖油 適量
松露醬 1 大匙
鹽 適量
黑胡椒 適量

做法

〈炒料〉

1　加熱平底鍋，不放油，將香菇片乾煎至有香氣，軟化後盛起，備用。

2　原鍋加橄欖油與洋蔥碎，用小火炒至洋蔥變軟，改大一點的火，加入雞腿肉炒至金黃色，放回香菇片、鹽及黑胡椒調味拌炒均勻，取出備用。

3　將炒好的食材放入大碗中，加入黑松露醬拌勻備用（黑松露醬不需加熱，加熱會讓香氣散失）。

〈做千層麵〉

1　在烤盅內均勻塗上奶油→
　　在底部塗白醬→
　　鋪千層麵→
　　抹白醬→
　　鋪餡料→
　　鋪上起司丁→
　　磨些起司粉撒上→
　　鋪千層麵→
　　依上述順序舖到烤盅 9 分滿為止，最後一層放上肉餡，撒上起司丁及起司粉。

2　放入預熱至 180°C 的烤箱，烤 30 至 40 分鐘，表面呈金黃色即可取出。

Carbonara

培根起司蛋義大利麵

（起司乳化法）

適用麵型

長型麵

食材（約 2 人份醬）

直麵 180g
整塊義式培根 90g
　（做法請參 60 頁「快速自製
　醃培根肉」，切條狀）
全蛋 2 顆
帕米吉安諾起司 90g
　（或佩科里諾羊奶起司）
黑胡椒 適量

MEMO

1 希望成品接近義式風味的人，建議
　使用書中介紹的「快速自製醃培根
　肉」做法，會比市售加工培根的味
　道好。

2 傳統上，這道 Carbonara 使用「豬
　臉頰醃肉 Guanciale」，而不是豬
　五花培根肉。原本的做法是將豬臉
　頰肉加鹽、黑胡椒（或紅胡椒）醃
　漬 3 星期，不用煙燻，是義大利
　中部 Umbria, Lazio 地區的特產。

3 這道麵使用全蛋是更加傳統的做
　法，是為了不浪費食材，直到現代
　才有些廚師改成只用蛋黃的做法。

這道有名的義大利麵在當地吃法是：上桌後就立刻開動，不然醬汁與麵會黏成一團。然而，這道料理離開義大利之後就走鐘了，因為義大利以外的餐廳為了方便，會加鮮奶油來防止沾黏，中文將 Carbonara 取名為「奶油培根義大利麵」，但其實它是靠「起司」與「蛋黃」來乳化，而非鮮奶油喔！

這道料理食材與做法極為簡單，價格也平民，難怪有一首德國歌的歌詞中描述到在義大利度假的年輕人沒錢，只能吃 Carbonara 跟喝可樂！

做法

〈煮麵〉

備一大鍋滾水加鹽，依包裝指示時間將義大利麵煮至彈牙。

〈拌炒〉

1 在大碗中打入全蛋，加入起司粉打至均勻，撒入大量的現磨黑胡椒，再加上熱的煮麵水 50ml，攪拌至濃稠狀態，備用。

2 把平底鍋加熱到很熱，不加油，放入培根條，以小火慢慢煎至金黃程度。

3 加入煮好的麵，熄火。

4 倒入做法 1 的起司蛋液，在鍋中快速攪拌均勻，利用鍋的餘熱讓蛋液熟化，但不凝固，直到醬汁濃稠為止。

〈盛盤〉

撒上黑胡椒及磨一點起司粉。

Linquine con salmone affumicato

● 燻鮭魚義大利麵

（鮮奶油法）

想做白醬風味的義大利麵，最簡便的方式是直接使用鮮奶油，不需費心炒麵糊，鮮奶油的乳脂能與麵條結合，增強溫潤風味及滑順感。

我們一般買到的動物性鮮奶油是屬於可打發的鮮奶油（Whipping cream），但做料理時，有另一種烹飪用鮮奶油（Cooking cream）會更適合，它的乳脂含量較低，可以耐高溫而不會油水分離，在大型超市可以買到。

適用麵型

不限

食材（約 2 人份醬）

扁舌麵 160g
奶油 20g
燻鮭魚 150g（切薄片）
白蘭地 20ml（或白葡萄酒）
鮮奶油 200ml
鹽 適量
帕米吉安諾起司 20g
　（或帕瑪森起司粉）
紅胡椒粒 適量（壓碎）
特級橄欖油 適量

做法

〈煮麵〉

備一大鍋滾水加粗鹽，依包裝指示時間再減 1-2 分鐘煮義大利麵。

〈拌炒〉

1　在平底鍋中加入奶油及橄欖油，開小火，加入燻鮭魚炒至變色，加入白蘭地煮一下。

2　加入煮好的麵及適量的煮麵水，倒入鮮奶油煮約 5 分鐘，視情況加鹽調味，最後磨些起司粉拌勻。

〈盛盤〉

撒上壓碎的紅胡椒粒。

MEMO

如果買不到烹飪用鮮奶油（Cooking cream），而改用一般做甜點用的可打發鮮奶油的話，得注意煮到沸騰時就會有油水分離的問題，建議用中小火煮就好。

學做很講究的黑色醬汁！

說到墨魚麵，大家比較常在外面吃到，或是會聯想到黑色麵條，Winnie 覺得既然是在家下廚，不妨嘗試看看做墨魚醬汁，大海鮮味會讓人很驚艷！

採買海鮮時（花枝、墨魚等），把新鮮墨囊蒐集起來，包好再放冷凍庫保存，注意不要讓墨囊乾掉了，用它就能煮出既新鮮又濃郁的醬汁。煮墨魚醬汁的時間要夠久，煮花枝時則要煮久煮軟，我的「墨魚黑麵」配方中，還加了辣椒和番茄泥，讓味道比較有層次。

如果對於處理墨囊有顧忌，那就試試更簡單的黑橄欖醬吧！做黑橄欖醬，最重要的前提時，要有品質好的黑橄欖罐頭，因為每一家廠牌的口味都不一樣，大家選擇自己喜愛的品牌和配方，做出來的黑橄欖醬味道才會是你能接受和喜歡的，有實驗精神的朋友，可以試試看不同品牌，或直接記下曾經用過且覺得好吃的牌子來製作義大利麵。

如果買到的黑橄欖比較大瓶，那就多做一點醬，黑橄欖醬也很適合拿來當成麵包片的抹醬使用。

Spaghettini con Tapenade

● 黑橄欖醬佐烤番茄麵

橄欖果實原本是深綠色的，成熟後會慢慢轉成黑或深紫色，除了製成橄欖油，也會處理後拿來做菜。在義大利，橄欖也有許多的保存方式，前置處理後拿來泡鹽水、泡鹽，或泡在油中。

這道黑橄欖醬很適合當成麵包抹醬，搭義大利麵也很對味！也可以當烤肉的餡料，這裡介紹的橄欖醬是源自於法國普羅旺斯的做法，加了鯷魚與酸豆。

適用麵型

不限

食材

細直麵 160g

〈烤小番茄〉

新鮮小番茄　18 顆
特級橄欖油　適量
黑橄欖醬　4 大匙
鹽　適量
黑胡椒　適量

〈黑橄欖醬〉

去核黑橄欖　200g
鯷魚　2 尾
酸豆　1 小匙
大蒜　1/2 瓣
黃檸檬皮屑　適量（可不加）
特級橄欖油　4 湯匙
羅勒葉　適量

做法

〈製作黑橄欖醬〉

將黑橄欖醬的所有食材放入食物調理機中，打成泥狀即可。

〈烤小番茄〉

1　將小番茄切對半，撒上少許鹽、黑胡椒及橄欖油。

2　放入已預熱至 180°C 的烤箱烤 20 分鐘。

〈煮麵〉

備一大鍋滾水加粗鹽，依包裝指示時間將義大利麵煮至彈牙。

〈拌合 & 盛盤〉

大碗中加入煮好的麵、烤好的小番茄、4 大匙做好的黑橄欖醬、羅勒葉拌勻，最後用羅勒葉裝飾。

MEMO

黑橄欖醬的保存方法：表面再倒入一層橄欖油，蓋過醬，可放 2 個星期。

Spaghetti con nero di seppia

● 墨魚黑麵

在義大利的西西里及威尼斯都有以黑墨魚汁做燉飯或義大利麵的料理，在西班牙的加泰隆尼亞料理也有墨魚烤飯，克羅埃西亞也是。

義大利人在料理軟足動物時，除了炸、烤之外，還會慢燉，有別於台灣一般餐廳在料理花枝都是短時間烹調，只吃它的脆度，但這道義大利料理卻是要用小火慢燉到它的膠原蛋白轉化為膠質的狀態，只要久煮，就變得又嫩又好吃！

適用麵型

長型麵

食材（約 4 人份醬）

直麵 320g
花枝或軟絲 400 ～ 500g
　（切長 4～5cm、寬 7～8mm
　長條）
大蒜 1 瓣（切碎）
洋蔥 100g 約 1/2 顆（切碎）
乾辣椒（或辣椒粉）少許
墨魚汁 1-2 小匙
白酒 150ml
濃縮番茄泥 15g
雞高湯或水 150ml
特級橄欖油 2 大匙
鹽 適量
黑胡椒 適量
巴西利碎 1 大匙

做法

〈燉煮墨魚醬汁〉

1　濃縮番茄泥加一點水調勻備用。

2　用平底鍋中加熱 2 大匙橄欖油，用小火將蒜碎與洋蔥碎炒透明。

3　加入花枝，炒至表面呈白色。

4　加入墨魚汁稍微炒一下，加入白酒與做法 1 的濃縮番茄泥煮一下。

5　加入雞高湯或水，加鹽及黑胡椒調味，用小火煮約 1 小時至花枝變軟。

〈煮麵〉

備一大鍋滾水加粗鹽，依包裝指示時間再減 1-2 分鐘煮義大利麵。

〈組合 & 盛盤〉

1　瀝乾煮好的麵，加入醬汁中拌煮至喜好的軟硬度，完成時熄火，淋上一點特級橄欖油（份量外）拌一下。

2　盛盤後撒上巴西利碎。

- 處理墨魚汁 -

做法

1　平時蒐集墨囊時，可以用塑膠繩綁好。

2　擠出墨魚汁，加入適量白酒攪拌稀釋。

3　用網篩過濾沙沙的顆粒雜質，即可用於烹調上。

MEMO

1　花枝、透抽、小管、軟絲等這類頭足動物都帶有墨囊，大部分的人會以為墨汁都是黑色的，但實際上章魚分泌的是黑色墨水，而透抽、魷魚分泌深藍色汁液，墨魚則分泌棕褐色汁液，不管是哪種顏色，都富含許多營養成分喔！

2　墨魚汁的取法：購買任何新鮮的軟足動物時，請魚販清理並幫忙留下墨囊（花枝的墨囊是最大的），以繩子綁好開口，放入有蓋子的小盒中保存，以免墨汁擠出來，平時慢慢蒐集放冷凍庫。

TOPIC

2-6

試試特殊麵型

SPECIAL SHAPE

看到特殊麵型不用怕，這樣煮！

　　大多數人挑選義大利麵時，購買直麵的機會仍比較多，因為不用煩惱烹調方式，或是擔心買一包會用不完。不過，既然義大利麵有這麼多特殊麵型，不妨試看看各種口感樂趣，我們可以從想吃或常吃的醬汁來選擇麵型，或是反過來，依麵型大小來選擇醬汁的輕重程度。

　　舉例來說，今天想吃中度稠度或濃稠的醬或是焗烤，就可以選擇筆管麵、筆尖麵、螺旋麵，它能搭配濃郁的番茄肉醬、羅勒醬、酪梨醬、奶油白醬，也非常適合焗烤使用。

　　如果夏天想吃冷麵沙拉，不妨使用小型麵、迷你麵，像是用頂針麵加上美乃滋、雞肉涼拌，或是和蔬菜湯、番茄湯一起做成湯麵料理。喜歡有嚼勁的話，可改成選擇蝴蝶麵，它也適合做冷麵沙拉或拿來清炒吃原味。

　　如果喜歡肉醬類的朋友，可以選大管麵、大貝殼麵，這類麵型比較大，可以承載、沾裹濃稠醬汁使用。在義大利，還有碗形的義大利麵呢，麵體比較大，專門拿來鑲肉醬或是炒好的料。

　　如果是喜歡料理多變化的人，米型麵是個不錯的選擇，因為可以拿來做成蔬菜湯、拌入食材做成沙拉，還可以做燉飯，非常萬用。下次看到特殊麵型時，嘗試買來煮煮看，可以發現義大利麵更多的美味吃法！

Recipes:homemade pasta sauces

Conchiglioni ripieni di ragù e funghi al forno

焗烤牛肝菌肉醬
鑲大貝殼麵

大貝殼麵的外型就像是一個大碗的容器形狀，因此最適合的料理方式就是盛料使用，填塞肉醬再去焗烤就是很適合的方式。

適用麵型

大貝殼麵

食材（約 2 人份醬）

大貝殼麵 140g
豬絞肉 150g
蘑菇 50g（切丁）
紅蘿蔔 25g（切細小丁）
乾牛肝菌 10g
洋蔥 50g（切末）
番茄泥 200g
特級橄欖油 適量
鹽 適量
黑胡椒 適量
帕米吉安諾起司絲 約 1/2 杯
　（或焗烤用起司絲）
奶油 適量（抹烤盤用）

做法

〈製作肉醬〉

1　將牛肝蕈泡溫水至軟，擠乾水分後切小丁，泡牛肝菌的水留下備用。

2　用平底鍋加熱橄欖油，加入洋蔥末、紅蘿蔔細丁炒軟，續加絞肉炒至金黃色，加蘑菇丁炒軟。

3　加入牛肝菌拌炒一下。

4　加入番茄泥及泡牛肝菌的水，轉小火煮 10 分鐘。

5　加鹽及黑胡椒調味。

〈煮麵〉

備一大鍋滾水加粗鹽，依包裝指示時間將義大利麵煮至彈牙。

〈組合焗烤〉

1　在烤盤內先塗上一層奶油。

2　將煮好的麵填入肉醬，不重疊排入烤盤中，鋪上帕米吉安諾起司絲。

3　上火選擇「燒烤模式」，以 180°C 烤 10 分鐘至表面金黃即可。

Pasta orzo allo zafferano con filetto di pesce

香煎魚菲利
佐番紅花米型麵

米型麵雖然外形像米，但是吃起來仍帶著一點麵的咬勁，基於它的造型，也同樣適合做出跟米有關係的料理，像是米沙拉、燉飯、米湯飯等。使用米型麵時，不用另外煮，和高湯、食材、白酒一同煮入味即可。

適用麵型

米型麵

食材（約 4 人份）

米型麵 300g
洋蔥 1/2 顆（切碎）
白酒 100ml
雞高湯 1000ml
番紅花 1 小撮
（或薑黃粉 1 小匙）
奶油 30g
帕米吉安諾起司 2 大匙

〈煎魚排〉

鱸魚排 2 塊
鹽 適量
黑胡椒 適量
特級橄欖油 適量
百里香 1 枝

做法

〈煮麵〉

1　用少許熱水泡番紅花。

2　用平底鍋加熱橄欖油，加入洋蔥碎炒軟，再加米型麵炒一下，倒入白酒，煮至酒精揮發。

3　邊加入雞高湯邊拌煮，加入做法 1 的番茄花液，加鹽及黑胡椒調味，拌煮至麵熟。

4　熄火，加入奶油、起司粉拌勻。

〈煎魚排〉

1　在魚排上撒鹽，靜置 10 分鐘，擦乾水分。

2　用平底鍋加熱橄欖油，加入魚排，放入百里香一起煎，讓香草的香氣釋放到油中，將魚排煎至兩面呈金黃，熄火，撒上黑胡椒。

〈盛盤〉

將米型麵盛盤，鋪上魚排，淋上一點橄欖油（份量外）。

Orecchiette salsiccia e broccoli

花椰菜肉末
貓耳朵麵

來自南義普利亞大區的貓耳朵麵，最經典的做法就是從去掉新鮮香腸的腸衣中取出肉末，再與 Cime di Rapa（蕪菁菜）一同炒貓耳朵麵。但因為義大利香腸不好取得，Winnie 教大家用很簡單的「醃漬肉」做法來取代香腸肉，味道一樣好吃。

適用麵型

貓耳朵麵

食材（約 2 人份醬）

貓耳朵麵 160g
大蒜 1 瓣（壓扁去皮）
辣椒乾 1 小根
綠花椰菜或芥蘭苗 1/2 顆
　（綠花椰菜分切小朵洗淨，
　　或洗淨芥蘭苗切小段）
帕米吉安諾起司 10g
　（或佩科里諾羊奶起司）
特級橄欖油 適量
鹽 適量
黑胡椒 適量

〈醃肉〉

豬粗絞肉 150g
鹽 1/2 小匙
黑胡椒粉 適量
白葡萄酒 1 大匙
蒜泥 1/2 小匙
丁香粉 少許（可不加）
肉豆蔻粉 少許 （可不加）

做法

〈醃肉〉

1　將絞肉放入大碗中，加上所有的醃肉材料拌勻。
2　放入冰箱醃隔夜。

〈煮麵〉

1　備一大鍋滾水加粗鹽，煮至鹽融化。
2　依包裝指示時間再減 1-2 分鐘煮義大利麵，最後 1 分鐘前加入綠花椰菜一起煮。

〈炒料〉

1　用平底鍋加熱橄欖油，以小火炒香大蒜，加入辣椒乾續炒，取出大蒜丟棄。
2　加入醃肉，炒至金黃色．
3　加入煮好的貓耳朵麵、綠花椰菜以及少許的煮麵水一起拌炒，加鹽及黑胡椒調味。
4　熄火，磨些起司粉拌勻。

〈盛盤〉

可再撒上份量外的起司粉。

Insalata di farfalle al tofu e pomodori secchi sott'olio

豆腐丁油漬番茄蝴蝶麵沙拉

這道麵沙拉是以蔬食的概念來發想，用板豆腐取代 Mozarella 莫札瑞拉起司丁，素食的朋友也可以吃。做法簡單，與其他材料拌拌即可完成，是非常適合夏天時食慾不佳時享用的一道沙拉。尤其蝴蝶麵很適合清爽醬汁，是用來做沙拉類料理的最佳選項。

適用麵型

蝴蝶麵

食材（約 2 人份醬）

蝴蝶麵 160g
板豆腐 150g
　（以重物壓隔夜去水，切成
　1cm 丁）
油漬番茄乾 4 塊（切小塊）
油漬番茄乾的油 1 大匙
羅勒葉 適量（撕碎）
鹽 適量
黑胡椒 適量
特級橄欖油 適量
喜歡的生菜 適量
小番茄 8 顆（切對半）
核桃 1 大匙
　（用乾鍋烤香，稍微切碎）

做法

〈煎豆腐〉

用平底鍋熱橄欖油，將板豆腐丁煎至表面呈金黃色，加鹽及黑胡椒調味，盛起。

〈煮麵〉

備一大鍋滾水加粗鹽，依包裝指示時間將義大利麵煮至彈牙。

〈拌合〉

1　取一個大碗，加入煮好的蝴蝶麵、板豆腐丁、油漬番茄乾、漬番茄乾的油、小番茄、撕碎的羅勒葉、鹽及黑胡椒、適量橄欖油拌勻。

2　加上生菜葉拌一下，如果是比較大的葉片，建議撕碎比較好拌。

3　最後撒上核桃碎即可。

Calamarata con calamari

大卷炒大卷圈麵

大卷圈麵是來自拿坡里的 Gragnano 鎮，這個鎮自西元 1500 年以來，就是以做義大利麵聞名的鄉下小鎮。大卷圈麵外型很像是將中卷切成輪圈狀，所以麵的名字源自於中卷 Calamari，命名為 Calamarata，通常這道麵的搭配醬汁就是跟中卷一起炒的喔～

適用麵型

大卷圈麵

食材（約 2 人份醬）

大卷圈麵 140g
中卷 1 尾（約 200g，切輪圈）
罐頭番茄泥 200g
大蒜 1 瓣（切碎）
巴西利 1 束（取葉切碎）
鹽 適量
黑胡椒 適量
特級橄欖油 適量

做法

〈煮麵〉

備一大鍋滾水加粗鹽，依包裝指示時間再減 1-2 分鐘煮義大利麵。

〈製作醬料〉

1　用平底鍋加熱橄欖油，炒香蒜碎及巴西利碎 1 大匙，加入中卷拌炒。

2　倒入番茄泥，加鹽及黑胡椒調味。

〈拌炒組合〉

將大卷圈麵加入煮好的醬汁中，以及適量的煮麵水，拌炒至喜好的軟硬度即可，淋上橄欖油拌一下即可。

〈盛盤〉

享用前，撒上巴西利碎。

MEMO

拌炒時，要留意別讓中卷煮過頭而變太硬，最多在醬汁中只能煮 10 分鐘，讓它捲曲起來即可關火。

Gnocchi di patate croccanti

鼠尾草奶油香煎馬鈴薯麵疙瘩

講到義大利麵，不可不提到「麵疙瘩」這道經典的義大利料理，Gnocco 是單數，Gnocchi 是複數，皆源自義大利語 Nocchio，意思是「木頭上的結」。正統的義式麵疙瘩口感是軟軟的，並非我們印象中帶有 Q 勁的中式麵疙瘩，最經典的搭配就是奶油與鼠尾草，與青醬、義大利肉醬搭配也都很適合。

傳統搭配奶油與鼠尾草的組合對於許多人來說，可能會奶味太重太膩，我試著將它煎到表面微微酥香，有意想不到的美味效果喔！

適用麵型

麵疙瘩

食材（約 4 人份醬）

〈義式麵疙瘩〉

馬鈴薯 250g
（備一滾水鍋，加入鹽，放入帶皮馬鈴薯煮至熟軟，約 30 分鐘）
00 麵粉 63g（或中筋麵粉）
鹽 少許

〈鼠尾草奶油醬〉

奶油 20g
鼠尾草 1 枝
特級橄欖油 1 大匙
帕米吉安諾起司 適量
（或帕瑪森起司粉）

MEMO

1 同時加上橄欖油及奶油，可避免煎的時候溫度過高，而造成奶油焦掉。
2 建議選水分多、皮粗的美國馬鈴薯來做；製作時，不要一直加粉，才能保持鬆軟口感。

做法

〈製作馬鈴薯麵疙瘩〉

1 取出煮好的馬鈴薯，趁熱剝皮，用壓泥器壓成泥，將所有麵粉撒在馬鈴薯泥上，加鹽，用刮刀慢慢拌勻馬鈴薯及麵粉，用手揉快速形成一個團。
2 先在工作檯上撒少許麵粉，輕輕地揉，如果很黏，則再加入少許麵粉，麵團不蓋布，休息 15 分鐘。
3 將麵團先揉成直徑 1.5cm 的長條，再切成 2cm 小段，在撒上麵粉的叉子上滾壓出條紋。
4 備一大鍋滾水加鹽，放入馬鈴薯麵疙瘩，煮至浮起後 1-2 分鐘後撈起。

〈製作醬汁〉

煮麵的同時準備醬汁，用平底鍋加熱橄欖油及奶油，加入鼠尾草，等香氣釋出到奶油中後，加入煮好的馬鈴薯麵疙瘩煎至金黃色即可取出。

〈盛盤〉

盛盤後，現刨上起司粉（份量外）。

- 自製義式麵疙瘩 -

沒有壓泥器的話，改用叉子慢慢壓。

將所有麵粉撒在馬鈴薯泥上，加鹽。

用刮刀慢慢拌匀馬鈴薯及麵粉，用手揉快速形成一個團。

注意只要成團就好，不要揉太久；如果很黏則再加入少許麵粉。

將麵團先揉成直徑 1.5cm 的長條，
再切成 2cm 小段。

先把麵團放在叉子前端，往後壓麵團至叉子根部，
再用手指力量順勢捲起做出紋路。

CHAPTER

3

Pasta recipes : Original flavor

料理新手 OK！
清炒就好吃的義大利麵

TOPIC

3-1

提鮮美味法則：
適度使用高湯、罐頭，也能做出
讓人稱讚的口味

每次上義大利麵課時，有些學生總會問：「我煮的海鮮義大利麵不夠海味，為什麼？」這時我會建議加鯷魚一起炒，味道就會變鮮很多，但學生會擔心地問：「用鯷魚罐頭喔？吃加工食品會不會不健康？」

其實大家挑選擇各類罐頭時（鯷魚罐頭、番茄罐頭、黑橄欖罐頭、松露罐頭等），可以看看背後的成分表，有些優質品牌的成分表甚至非常單純，只有主食材、橄欖油、鹽等食材，不妨多看多比較，倒也不用一味地排斥罐頭食品，

因為適度使用，能讓料理有加分效果。

以番茄罐頭來說，用新鮮牛番茄做醬，不如使用義大利產的番茄罐頭，這樣煮出來的醬汁比較道地和濃郁。萬一買到的品牌比較酸，建議煮久一點，以減少酸味。而高湯的使用也是一樣，如果有時間，當然就用新鮮蝦頭來熬高湯，但對於時間比較少的朋友，則不妨挑選好品質的市售高湯，能讓煮出來的料理味道更濃，讓麵體在高湯醬汁裡煮久一點，就算是清炒，味道還是很足夠。

Spaghetti alle vongole

白酒蛤蜊麵

（食材原味高湯法）

大名鼎鼎的白酒蛤蜊麵，其實需要一個工序可以讓義大利麵更有海味，但蛤蜊的熟度還又恰恰剛好，不會煮過頭，首先就是必須要分開處理蛤蜊，讓蛤蜊自然生出來的高湯來煮義大利麵至入味。

在義大利吃的白酒蛤蜊麵的麵條是油油亮亮、充滿橄欖油香氣，跟我們印象中吃起來水水的口感差很大，建議橄欖油的量下多一點會很好吃喔！

適用麵型

長型麵

食材

直麵 180g
蛤蜊 300g
小番茄 8 顆（切對半）
大蒜 1 瓣（切碎）
乾辣椒 1 根
　（或新鮮辣椒，切碎）
巴西利 1 小束（取葉切碎）
白酒 50ml
鹽 適量
特級橄欖油 50ml

做法

〈煮蛤蜊〉

1　將洗淨的蛤蜊倒入湯鍋中，淋上白酒，蓋鍋大火加熱，不時搖動一下鍋子讓受熱均勻，直到蛤蜊打開嘴巴即可熄火。

2　瀝出蛤蜊，保留瀝出的湯汁，即為蛤蜊高湯。

〈煮麵〉

備一大鍋滾水加粗鹽，依包裝指示時間再減 1-2 分鐘煮義大利麵。

〈炒料〉

1　用平底鍋加熱橄欖油，放入蒜碎、辣椒碎及巴西利碎約 1/2 大匙，爆香，再加入小番茄煎一下。

2　倒入蛤蜊高湯，倒入煮好的義大利麵，撒上少許鹽，煮至快收汁，中途可適量加些煮麵水，煮至喜好的軟硬度，加入蛤蜊拌炒一下，熄火。

〈盛盤〉

撒上切碎的巴西利。

Linguine con gamberi e pomodorini

大蝦扁舌麵

（超濃蝦蝦高湯法）

利用原本習慣丟棄不用的食材部位來做高湯，再加入義大利麵一起煮入味，會帶來濃郁鮮香的滋味。例如常見的蝦頭、蝦殼，或者也可以用龍蝦殼來煮高湯，都是讓清炒義大利麵更有海味及鮮甜香的好方法。

適用麵型

長型麵

食材

扁舌麵 180g
大蝦 4 隻
　（去蝦頭蝦殼，切小塊）
小番茄 8 顆（切對半）
洋蔥 1/4 顆（切碎）
大蒜 1 瓣（切碎）
白酒 50ml
乾辣椒 1 根
　（或新鮮辣椒，切碎）
巴西利 1 小束
　（莖葉分開，切碎葉子）
百里香 1 小枝（可加可不加）
特級橄欖油 適量
鹽 適量

MEMO

1 除了蝦子類，螃蟹或龍蝦也能拿來熬湯，若加入百里香，香氣會更豐富。

2 燉好的高湯，也適合拿來做成燉飯料理。

做法

〈製作高湯〉

1　在湯鍋中加入橄欖油，將蝦頭蝦殼炒至變色。

2　加入洋蔥碎續炒一下，再倒入白酒煮至酒精揮發。

3　倒適量水至蓋過蝦頭蝦殼，加入巴西利的莖、百里香，煮滾後轉小火煮 30 分鐘，即為蝦高湯。

〈煮麵〉

備一大鍋滾水加粗鹽，依包裝指示時間再減 1-2 分鐘煮義大利麵。

〈拌炒〉

1　用平底鍋熱橄欖油，加入蒜碎及辣椒炒一下，加入蝦肉炒至上色。

2　加入切對半的小番茄，加入 100ml 蝦高湯、煮好的麵，加鹽調味，拌炒至入味，當高湯收汁後，可再補一些高湯，續炒至麵條軟硬度適中，淋上橄欖油充分乳化。

〈盛盤〉

撒上巴西利碎。

下白酒之後，將鍋底精華刮起來煮，
變成濃縮醬汁，就能拿來代替高湯使用。

Chapter3

熬好的蝦高湯請於當餐使用完畢，不能放隔夜，以免變味；
用高湯煮義大利麵，麵吃起來的味道就會很足很鮮美。

Spaghetti Aglio olio e peperoncino

蒜香橄欖油辣椒麵

（蒜油增味法）

其實大部分的義大利人是不喜歡大蒜味道的，他們在料理時，會用橄欖油將大蒜炒到蒜味釋放到油裡，然後就取出大蒜丟棄，是為了不讓大蒜味道蓋過其他食材。

然而這道來自拿坡里的蒜香辣椒義大利麵，卻是把蒜味發揮到一個極致，雖然號稱為最簡單的義大利麵，但大蒜炒的程度、加鹽到水裡的時間點，以及煮麵的程度都會影響到整體風味。

適用麵型
長型麵

食材

直麵 160g
大蒜 1 瓣
　（用刀腹壓扁大蒜，切碎成
　　一致大小）
辣椒 1 根（切輪圈）
巴西利碎 1 大匙
特級橄欖油 50ml
鹽 適量

〈裝飾〉

香酥炸蒜片 2 瓣
巴西利碎 適量

MEMO

1 若大蒜中間有芯，要先去除，否則煮出來的麵會有苦味。

2 香酥蒜片做法：將大蒜縱切或橫切，約 0.1cm（去除中芯），泡鹽水 3 分鐘，取出擦乾。將蒜片放入冷油鍋中（使用橄欖油），以小火炸至淺黃色即可熄火（因為油溫會繼續加熱，所以炸到剛好金黃之前的淺黃色就要先熄火！），然後確實瀝乾油分，可保存 3 天。

做法

〈煮麵〉

備一大鍋滾水加粗鹽，依包裝指示時間再減 1-2 分鐘煮義大利麵。

〈組合〉

1　平底鍋冷鍋加入橄欖油及蒜碎，開小火慢慢炒，不能炒上色，如果太高溫則離火，加點橄欖油，等香味釋放到油裡後，加入辣椒，以小火續炒。

2　待大蒜一上色，加入切碎的巴西利，加入適量的煮麵水。

3　加入麵拌炒至喜好的軟硬度，加鹽調味。

〈盛盤〉

撒上香酥蒜片及切碎的巴西利碎。

Conchiglie con verdure

綜合蔬菜醬貝殼麵

（Soffritto 混炒蔬菜醬增甜法）

單純全用蔬菜來煮的義大利麵，一般很難將義大利麵完全煮到入味，這是因為蔬菜的烹調時間都相當短的緣故。義大利人善用混炒蔬菜醬（Soffritto）來為料理增加甜味，將洋蔥、西洋芹、紅蘿蔔，切到細碎的狀態（並非像我們台灣一般切大丁或塊狀），然後以橄欖油用小火慢慢的炒軟炒香，至少炒 10 分鐘，直到蔬菜全部釋放出甜味為止。像義大利肉醬也都必須製作混炒蔬菜醬來使用。

適用麵型

短型麵

食材

貝殼麵 160g
洋蔥＋西洋芹＋胡蘿蔔 共50g（切碎）
大蒜 1 瓣（切碎）
黃椒＋紅椒 共 1/2 顆（去籽切小丁）
櫛瓜 1 根（去除中芯的籽，切 1cm 丁）
小番茄 10 顆（切對半）
百里香 適量（取葉）
特級橄欖油 適量
鹽 適量
黑胡椒 適量

做法

〈煮麵〉

備一大鍋滾水加粗鹽，依包裝指示時間再減 1-2 分鐘煮義大利麵。

〈拌炒〉

1　用平底鍋加熱橄欖油，將蒜碎、洋蔥碎、西洋芹碎、紅蘿蔔碎炒軟後盛起，備用。

2　原鍋補一點橄欖油加熱，加入櫛瓜丁炒至上色，盛起；加入小番茄，大火炒一下即盛起。

3　將炒過的蔬菜全放回原鍋中，加百里香葉拌炒，用鹽及黑胡椒調味，加入適量煮麵水及貝殼麵，拌炒均勻即可盛盤。

MEMO

1 這道料理的重點在於：每種蔬菜熟的時間都不同，所以要分開炒，這是讓每一樣蔬菜都能保留最完美口感的做法。

2 可依個人喜好，盛盤後再滴上自製香草油、檸檬油。

Pasta con Pollo al limoni fermentati

鹹檸檬雞天使細麵

（自製鹹檸檬應用法）

鹹檸檬在北非國家和中東地區普遍被拿來當成調味料來使用，通常用於塔吉鍋料理，或做雞肉和羊肉燉菜，或加在北非小米裡，正統的醃鹹檸檬得要耗時數週數月，這裡介紹較為快速的方法來製作，以鹹檸檬來煮雞肉，帶點鹹鹹酸酸，還有檸檬的芳香，味道相當棒！

適用麵型

不限

食材

天使細麵 160g
洋蔥 2 大匙（切碎）
大蒜 1 瓣（切碎）
鹹檸檬 2 片
　（請參考 Memo「自製醃鹹
　檸檬」做法，切小丁）
櫛瓜 1/2 根（切半圓形片）
白酒 2 大匙
鹽 適量
黑胡椒 適量
特級橄欖油 適量

〈 醃雞肉 〉

去骨雞腿肉 300g
鹽 適量
黑胡椒 適量

做法

〈醃雞肉〉

將雞肉切一口大小，撒上鹽及黑胡椒醃 10 分鐘。

〈煮麵〉

備一大鍋滾水加粗鹽，依包裝指示時間再減 1-2 分鐘煮義大利麵。

〈炒料〉

1　用平底鍋加熱橄欖油，加洋蔥碎炒一下，續加入蒜碎，將洋蔥炒至透明。

2　加入雞肉丁拌炒至金黃色，加櫛瓜片炒一下。

3　加入鹹檸檬丁，淋上白酒煮一下。

4　加入煮好的麵以及適量煮麵水，拌炒一下試味道，加鹽及黑胡椒調味即可盛盤。

MEMO

快速醃製的鹹檸檬，泡在橄欖油中存放於冰箱最多 1 個月。

- 快速醃鹹檸檬 -

6

食材

黃檸檬 3 顆
鹽 135g
細砂糖 135g
百里香 2 枝（取葉）
大蒜 1 瓣

〈保存用〉

月桂葉 1 片
百里香 1 小枝
黑胡椒粒 1 小匙
特級橄欖油

做法

1　用滾水快速燙一下黃檸檬，去除表面的蠟。

2　將檸檬切片備用，取另一個大碗放入細砂糖、鹽、大蒜、百里香葉拌均勻。

3　在稍有深度的容器中鋪上一層檸檬片，接著鋪一層做法 2 的鹽糖混合物，依序鋪幾層，加蓋放冰箱冷藏 3 天。

4　以過濾水沖洗乾淨醃好的檸檬，用紙巾擦乾，放入乾淨無水分的有蓋玻璃罐或密封罐中，放入月桂葉、百里香、黑胡椒粒，再淋上橄欖油蓋過檸檬（加蓋放冰箱，可保存一個月，請盡速使用完畢）。

Pasta con acciughe e pangrattato

油漬番茄乾金沙
天使細麵

（醃漬罐頭食材應用法）

適用麵型

不限

在南義，夏末的番茄產季即將結束前，義大利人除了會製作番茄醬外，還會將番茄（特別是聖馬扎諾品種的番茄）縱切完拿去曬，鋪在木框架上，享受著南義的陽光，曝曬一週至完全乾燥，接著用水及醋清洗進行消毒，泡在橄欖油裡，加上大蒜及香草等來保存，以便冬季時也能做番茄料理，這種番茄乾濃縮了南義陽光的精華，比新鮮番茄更具風味！

這裡的金沙，指的是炒至金黃色的麵包粉，在南義會看到許多料理都撒上麵包粉，原因之一是南義比較貧窮，麵包最便宜又能增加飽足感的緣故。

食材

天使細麵 160g
油漬番茄乾 4 片（切小丁）
大蒜 1 瓣（切末）
油漬鯷魚 4 尾
麵包粉 4 大匙
鹽 適量
黑胡椒 適量
開心果1大匙 （或核桃，切碎）
特級橄欖油 適量

做法

〈煮麵〉

備一大鍋滾水加粗鹽，依包裝指示時間再減 1-2 分鐘煮義大利麵。

〈拌炒〉

1 用平底鍋加熱橄欖油，先加蒜末炒香，再加鯷魚炒散。

2 倒入麵包粉，小火炒至金黃，取出一半的麵包粉，備用。

3 原鍋加入煮好的麵，可加適量煮麵水，加入油漬番茄乾，依個人喜好可加點鹽及黑胡椒調味，拌炒至喜愛的軟硬度。

〈盛盤〉

撒上事先炒好的麵包粉及開心果碎。

Conchiglie con pesce spada e pomodorini

酸豆番茄劍旗魚
貝殼麵

（醃漬罐頭食材應用法）

酸豆是一種灌木植物 Capparis spinosa 的花苞，最著名的酸豆是來自西西里島潘泰萊里亞（Pantellaria）火山島的氣候土壤所孕育出的酸豆。

酸豆越小顆、品種就越優，一般以油漬、油漬或鹽漬保存，是一種發酵食物。其中又以鹽漬風味最佳，帶著微鹹、微酸的特殊味道，讓許多義大利料理增添一抹風味。

適用麵型

貝殼麵

食材

小貝殼麵 140g
大蒜 1 瓣（切片）
劍旗魚 100g（切 1.5cm 丁）
小番茄 6 顆（切 4 瓣）
新鮮辣椒 1 根（切輪圈）
白酒 50ml
黑橄欖 10 顆（切半）
酸豆 1 大匙
　（如果使用鹽漬酸豆，先以
　清水洗去鹽分）
鹽 適量
特級橄欖油 適量
巴西利 適量（取葉切碎）

做法

〈煮麵〉

備一大鍋滾水加粗鹽，依包裝指示時間再減 1-2 分鐘煮義大利麵。

〈拌炒〉

1　用平底鍋加熱橄欖油（量稍多），炒香蒜片，加入辣椒圈炒一下。

2　放入劍旗魚丁煎至上色，倒入白酒煮至酒精揮發，加酸豆、黑橄欖、小番茄及少許鹽煮一下。

3　加入煮好的麵及煮麵水，拌炒至收汁，熄火。

〈盛盤〉

撒上巴西利碎。

MEMO

新鮮辣椒也可換成乾辣椒，辣味可自行調整。

Pasta ai frutti di mare in bianco

清炒海鮮義大利麵

（醃漬罐頭食材應用法）

以前教料理課時，很多學生問我，為什麼他們煮的海鮮義大利麵沒味道呢？告訴大家一個小撇步，只要加上一尾鯷魚，海味瞬間就會爆發出來了！

鯷魚是義大利南部料理中不可或缺的食材。最好的鯷魚產區在拿坡里海灣和西西里島，一般市售買到的油漬鯷魚，都是事先經過鹽漬熟成後，再去掉多餘的鹽，放在橄欖油裡保存的。

適用麵型

長型麵

食材

直麵 160g
鯷魚 2尾
透抽 1尾（切輪圈）
蝦子 8尾（去腸泥）
洋蔥碎 1大匙
大蒜 1瓣（拍扁切碎）
白酒 25ml
櫛瓜 1/2條
　　（用刨皮刀刨成薄長條）
特級橄欖油 適量
辣椒 1/2根（切碎）
鹽 適量
黑胡椒 適量

做法

〈煮麵〉

備一大鍋滾水加粗鹽，依包裝指示時間再減 1-2 分鐘煮義大利麵。

〈炒料〉

1　用平底鍋加熱橄欖油，加入洋蔥碎炒軟，續加入蒜碎、辣椒碎，炒至香味出來。

2　加入鯷魚炒碎，放入透抽、蝦子炒熟後，淋上白酒煮至酒精揮發。

3　加入煮好的麵及煮麵水拌炒，加鹽及黑胡椒調味，最後加入櫛瓜條快速拌炒一下，即可熄火。

4

Pasta recipes:
traditional italian cuisine

義大利家庭餐桌上的
義麵料理

TOPIC

4-1

進階嘗試：
義大利麵的各種變化形

義大利麵對於義大利人來說，是親切多用途的日常主食，也是節慶的食物，不只有鹹的，也能做成甜的來吃，在這個章節想介紹一些有趣的義大利麵吃法給大家。

在義大利時，看到義大利的媽媽奶奶們，會將前一晚吃不完的義大利麵和其他食材組合，變成清冰箱的不剩食料理─烘蛋，用鐵鍋把食材們煎得香香的，也很適合當點心。他們也會把義大利麵做成湯麵來吃，在義大利地區有各自的做法，有的地區主要使用蔬菜湯，有的地區則喜歡加入豆子來煮，這樣的料理很日常、一鍋就完成，而且同時吃到主食和蔬菜，有湯有料，是能讓全家吃飽的省時快速料理。

書中還有介紹「焗烤義大利定音鼓」這道料理，外型是蛋糕般的圓柱體，可以切成一塊塊享用，但在拿坡里地區的「定音鼓」，和我分享的食譜又略有不同，當地傳統做法是將茄子皮切成一片片，再鋪在最外層。之前還在當地吃過「南瓜麵餃」，在麵皮裡包南瓜泥，外面撒上餅乾屑，看食材會誤為是甜的，但它可是一道當正餐吃的料理。

除了鹹食，義大利人還會做麵糕來吃，像書中的「黑森林巧克力麵糕」，使用了苦甜巧克力和義大利麵結合，這道就是他們的節慶甜點，大大顛覆了我們對於義大利麵的吃法與既定印象。

Pasta alla checca

番茄羅勒涼麵

Pasta alla checca 是來自羅馬夏季的一道麵食，第一次吃到這道麵食是有一年夏天在義大利與鄰居家庭一起露營時，鄰居太太所準備的義大利麵，因應戶外的環境條件，這是一道簡單又容易準備的料理，雖然簡單，但用了新鮮番茄、羅勒、莫扎瑞拉起司與品質好的橄欖油，竟如此的美味！

適用麵型

不限

食材（約 2 人份醬）

螺旋麵 160g
小番茄 10 顆（切 4 瓣）
莫扎瑞拉起司 150g（切小丁）
羅勒 1 枝
　（取部分葉，稍微撕碎，
　另取幾片裝飾用）
特級橄欖油 50ml
鹽 適量
黑胡椒 適量

做法

〈準備醬汁〉

1　取一個大盆，加入小番茄、鹽、羅勒碎及黑胡椒拌一下。

2　倒入橄欖油拌勻，蓋上保鮮膜，稍微醃 10 分鐘靜置入味。

〈煮麵〉

1　備一大鍋滾水加鹽，依包裝指示時間將義大利麵煮至彈牙。

2　撈出螺旋麵，泡一下冷水降溫後瀝乾。

〈組合 & 盛盤〉

1　將螺旋麵倒入拌好食材的大盆中，加入莫扎瑞拉起司丁，將麵和料拌勻 。

2　盛盤，放上羅勒葉（也可以再搭配芝麻葉，相當適合）。

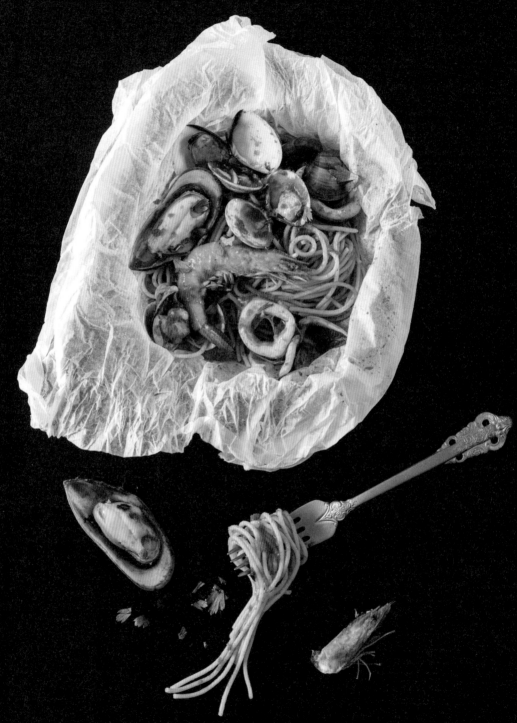

Spaghetti al cartoccio con frutti di mare

紙包烤海鮮麵

這道源自於 Abruzzo 阿布列佐的美食，通常這種傳統煮法是包在羊皮紙裡，很快速地烤一下，所以這道紙包烤義大利麵都是海鮮風味，如果用肉類，可能紙都要燒焦了！現在改用鋁箔、烘焙紙取代羊皮紙，包在紙裡再烤過後，上桌時打開紙時的那股香氣四溢，是最大的賣點！

適用麵型

長型麵

食材（約 2 人份醬）

直麵 160g
透抽 200g
蛤蜊 300g
淡菜 4 顆
　（新鮮或冷凍的都可以）
蝦子 6 隻（開背去腸泥）
罐頭番茄泥 200g
白酒 100ml
大蒜 2 瓣（切碎）
新鮮或乾辣椒 適量（切碎）
鹽 適量
特級橄欖油 適量
巴西利 1 把（取葉切碎）

做法

〈煮麵〉

備一大鍋滾水加粗鹽，依包裝指示時間再減 1-2 分鐘煮義大利麵。

〈製作醬汁〉

1　在小湯鍋中加入橄欖油，先炒香一半量的蒜碎，加入蛤蜊及 50ml 的白酒，蓋鍋煮，邊搖到鍋子，直到蛤蜊開口，盛起並瀝出湯汁備用。依此方式另外煮好淡菜（如果是熟凍淡菜，則不需要）。

2　用平底鍋加熱橄欖油，將蝦子兩面煎熟，先取出備用。

3　在原鍋倒入橄欖油，先炒香剩下的蒜碎及辣椒碎，將透抽快炒至熟，倒入白酒，煮至酒精揮發，加入番茄泥拌一下。

〈組合〉

1　將煮好的麵加入醬汁鍋中，加已熟的蛤蜊、淡菜、蝦子拌炒均勻，加鹽調味，撒上切碎的巴西利，熄火。

2　用鋁箔紙或烘焙紙把麵料都包起來，放入預熱 200°C 的烤箱中烤 5 分鐘取出。

MEMO

1 因為每種海鮮所需的料理時間不同，煮過頭會太硬，所以這道食譜的做法是將所有海鮮分開料理，最後再拌在一起。

2 建議蝦子要先開背去腸泥，口感才不會沙沙的。

Frittata Di Pasta

義大利麵烘蛋

這道是來自拿坡里的料理，原始的概念是不要浪費食物，所以義大利人將前一天吃不完剩下來的義大利麵加上雞蛋、起司來煎，很適合冷冷地吃，是外帶午餐或野餐的最佳選擇。在台灣，也很適合當成派對料理或拿來宴客親朋好友。

適用麵型

不限

食材（需準備直徑 18cm 平底鍋）

筆管麵 150g
雞蛋 6 顆
煙燻起司 50g（切小丁）
帕瑪森起司粉 50g
　　（或帕米吉安諾起司粉）
培根 50g（切小丁）
鹽 適量
黑胡椒 適量
特級橄欖油 適量

做法

〈煮麵〉

備一大鍋滾水加粗鹽，依包裝指示將義大利麵煮至彈牙。

〈製作烘蛋〉

1　備一個大盆，打入雞蛋並打散成蛋液，放入煙燻起司丁、帕瑪森起司粉，加入鹽及黑胡椒調味。

2　用平底鍋加熱橄欖油，放入培根丁炒至金黃，再加筆管麵，將做法 1 的蛋汁倒入，蓋鍋，以小火燜煎至底部金黃，再準備盤子倒蓋，翻面繼續煎至另一面也金黃色即可。

MEMO

1 蔬菜湯的食材，也可以換成手邊現有的其他蔬菜喔，只是要依烹調熟度更改放入鍋中時的順序。

2 義大利人會將蔬菜湯至少煮 50 分鐘至軟爛的程度，但大家可依喜好口感縮短時間。放了隔夜的蔬菜湯味道會更好喔！

3 義大利人會將起司外層的硬皮留下，放入蔬菜湯裡增加味道，真的完全不浪費！

4 這道料理較適合的麵型：迷你貝殼麵、小管狀義大利麵、頂針形義大利麵等體積小的短形麵，或者將長麵折成小段小段使用。

Minestrone toscano

暖心托斯卡尼蔬菜義大利麵湯

義大利的蔬菜湯被定義為是「窮人的料理」、「農民的佳餚」，使用的蔬菜依季節而不同，在製作這道料理的原本意義在於：使用準備主餐配菜時所剩下的邊角料。

蔬菜湯的主要食材有蔬菜、豆類以及義大利麵或米，在義大利各地區的蔬菜湯也各有差異，像托斯卡尼的蔬菜湯一定要有豆子（托斯卡尼人被稱為「食豆人」，因為他們吃很多很多的豆子），而青醬起源地的熱內亞蔬菜湯，最後盛盤上桌時，一定得要舀上一湯匙的青醬。

適用麵型
迷你型

食材（約 4 人份麵湯）

頂針形麵 100g
　（或迷你型義大利麵，
　或 50g 米）
罐頭白豆 75g（或紅點豆）
迷迭香 1 小枝
大蒜 1 瓣（切碎）
洋蔥 1/4 顆（切小小丁）
西洋芹 1/2 根（切小小丁）
胡蘿蔔 50g（切小小丁）
培根 25g（切丁）
特級橄欖油 2 大匙
罐頭番茄丁 200g
羽衣甘藍 適量（切段）
四季豆 5 根
　（切段， 或綠花椰菜）
櫛瓜 1/2 根（切丁）
起司皮 1 小塊（可加可不加）
高湯 1000ml
鹽 適量
黑胡椒 適量
帕米吉安諾起司 適量
　（或帕瑪森起司粉）

做法

1　用平底鍋加熱橄欖油，放入蒜碎、洋蔥丁、西洋芹丁、胡蘿蔔丁，用中火炒約 5 分鐘，續加入培根丁炒香。

2　加入罐頭番茄丁、羽衣甘藍、四季豆、櫛瓜、迷迭香，倒入高湯 1000ml（因為羽衣甘藍、櫛瓜較易熟軟，最後再加入）。

3　加入鹽與黑胡椒粉調味，放入起司皮（可加可不加）煮滾後轉小火煮 50 分鐘，如果不喜歡太軟爛，煮 20 至 30 分鐘即可。

4　加入頂針形麵，最後倒入罐頭白豆煮至軟。

〈盛盤〉
撒上起司粉，趁熱享用。

Timballo di maccheroni

焗烤義大利麵
定音鼓

現在世界各地及台灣常見的「焗烤義大利通心麵」是由這道料理演變而來的喔！這道義大利麵的名字「Timballo」語源自法文的Timbale（定音鼓），是指在模具中放入麵或米、茄子、馬鈴薯等焗烤而成的義大利麵，外型就像一個定音鼓。這種做法最早出現在阿拉伯統治時期的西西里，後來拿坡里流行的貴族料理中也很常見，但各地區做法略有不同。

適用麵型

短型麵

食材（4-6 人份）
需準備一個直徑 18cm 的蛋糕模

| 筆尖麵 160g
| 洋蔥 1/4 顆（切碎）
| 綠花椰菜 1/2 顆（切小朵）
| 培根 1 條（切丁）
| 傳統奶油白醬（做法請參考 91 頁）
| 莫扎瑞拉起司
|　　（切小丁，或焗烤用的披薩起司絲）
| 帕米吉安諾起司 適量
|　　（或帕瑪森起司粉）
| 特級橄欖油 適量

註：
食材表中的傳統奶油白醬使用奶油30g+ 麵粉 30g+ 牛奶 300ml。

做法

〈備料〉

1　備一個加了粗鹽的滾水鍋，放入綠花椰菜，燙煮1 分鐘取出瀝乾水分。
2　用平底鍋加熱橄欖油，放入洋蔥碎、培根丁炒香，加入綠花椰菜翻炒一下，取出備用。

〈煮麵〉

用原鍋燙綠花椰菜的水，依義大利麵上的包裝時間再減 1 至 2 分鐘煮好麵，取出確實瀝乾水分。

〈組合〉

依蛋糕模量一下要裁剪的烤盤紙大小，將烤盤紙沾濕擰乾水分（讓紙軟化，會比較好鋪入），鋪在烤模裡。鋪料順序請見下頁。

MEMO
每鋪一層麵都要稍微壓一下，讓整體緊實，烤後的剖切面才會美。

- 定音鼓鋪料順序 -

先將沾濕的烘焙紙鋪在烤模裡

放入 1/3 量的奶油白醬→ 1/2 量的筆尖麵→

1/2 量的綠花椰菜和培根條→壓實

放入 1/2 量的莫扎瑞拉起司丁→

1/2 量的帕瑪森起司粉→ 1/3 量的奶油白醬→

1/2 量的筆尖麵→

1/2 量的綠花椰菜和培根條→壓實

1/3 量的奶油白醬→ 1/2 量的莫扎瑞拉起司丁→

1/2 量的帕瑪森起司粉→放入預熱至 200°C 的烤箱中，烤 30 分鐘後取出。

Penne rigate con le noci

黑森林巧克力
義大利麵糕

記得有一次到托斯卡尼著名的紅酒產區─奇揚地旅行時，在一間餐廳點了一道使用了受原產地保護的特殊栗子 Mugello 做的義大利麵餃，但吃起來竟然是甜的！有稍稍被驚嚇到，畢竟在正餐吃甜食實在沒有飽足感，但如果以吃甜點的心態來享用，它是很美味的！

無獨有偶的是，在溫布利亞大區也有一道甜的義大利麵喔！這道麵糕是專門在聖誕節慶期間準備的，當甜點來吃～

適用麵型

短型麵

食材（4-6 人份，需準備一個直徑 15cm 的蛋糕模）

筆尖麵 125g
核桃 75g
白砂糖 25g
苦甜巧克力 40g
麵包粉 15g
蘭姆酒 1 大匙
肉桂粉 1 小撮
肉豆蔻粉 1 小撮
黃檸檬皮屑 1/2 顆

〈裝飾用〉

可可粉 15g
糖漬櫻桃 適量

做法

1　先在烤模裡鋪一層烤盤紙。

2　用食物處理機將核桃、苦甜巧克力分別打碎，或切碎。取一個大碗中加入核桃碎、巧克力碎、麵包粉拌一下，再加入砂糖、肉桂粉、磨一點肉豆蔻粉、黃檸檬皮屑拌合，倒入蘭姆酒充分混合。

3　備一大鍋滾水，依包裝指示時間將筆尖麵煮至彈牙，撈起後確實瀝乾水分。

4　趁筆尖麵還是熱的時候，倒入做法 2 中，將所有料混合拌勻。

5　倒入蛋糕模中，壓實壓平，放入冰箱冰隔夜定型。

〈盛盤〉

切塊，撒上可可粉，裝飾糖漬櫻桃。

MEMO
也可以加一些泡了酒的果乾，增加整體的口感與風味。

CHAPTER

5

Pasta recipes:
taiwanese flavor

用台味食材也能做
義大利麵

TOPIC

5-1

換換口味：誰說義大利麵
只能做西式？

　　雖然說義大利麵是西式料理，但這次也嘗試了用台灣人熟悉的台味食材來設計各種創意義大利麵，而且完全不違和，非常推薦大家試試看這幾道食譜。

　　我使用了原住民最熟悉的香料－馬告，和櫻花蝦一起搭配做義大利麵，吃起來不覺得是亞洲料理，而且香氣令人回味再三。還有拿紅麴醬和天使細麵做結合，這道很受攝影師好友的喜愛，煮好上桌後的香氣非常迷人。以前都拿紅麴醬來醃肉、做麵包，或是當成調味品，這次試著把它和煸過的薑片一起炒，竟變成一道特殊美味！和紅糟相比，紅麴醬的味道比較淡，所以不會很搶戲，吃起來的味道既熟悉又陌生。

　　另外，也用了台灣特有的「破布子」，這也是很有趣的首次嘗試，它類似西方的酸豆，具有提味作用，如果總覺得煮海鮮義大利麵沒味道的人，不妨加點碎的破布子吧，會有意想不到的效果！

　　另外，還有「剝皮辣椒蝦扁舌麵」、「高粱酒燒蛤蜊扁舌麵」這兩道，剝皮辣椒和高粱酒都和海鮮食材都非常搭，烹煮後的香味滋味都讓人很驚艷，也很適合愛吃清炒系義大利麵的人。不受框架限制，打開料理想像，你也能嘗試做出屬於自己風格的台味義大利麵！

剝皮辣椒蝦扁舌麵

剝皮辣椒是台灣花東地區的特產，做法是將青辣椒炸過後去皮，加上特製的醬汁浸泡入味，甘甜中帶微辣，平常拿來煮雞湯，但它加上蝦子來炒義大利麵也很麻吉喔！

適用麵型

長型麵

食材（約 2 人份）

扁舌麵　160g
剝皮辣椒　4 小條
　　（或 2 大條，切碎）
剝皮辣椒汁　2 大匙
帶殼蝦子　8 尾
　　（去頭及殼留尾巴，
　　開背去腸泥）
糯米椒　1 條（切輪圈）
大蒜　1 瓣（切碎）
白酒　75ml
鹽　適量
特級橄欖油　2 大匙

做法

〈煮麵〉

備一大鍋滾水加粗鹽，依包裝指示時間再減 1-2 分鐘煮義大利麵。

〈炒料〉

1　用平底鍋加熱橄欖油，將整隻蝦子兩面煎熟後取出。

2　加入蒜碎炒香，倒入白酒煮至酒精揮發，將鍋底刮一下（讓之前煎蝦子的精華釋出），加入切碎的剝皮辣椒及剝皮辣椒汁及糯米椒炒一下。。

3　加入煮好的義大利麵及煮麵水，加鹽拌炒入味至喜愛的軟硬度，加入煎好的蝦、淋上適量的橄欖油，完全乳化後盛盤。

馬告櫻花蝦麵

「馬告」是泰雅族對於山胡椒的稱呼，是泰雅族語，原住民朋友們又稱它「山林裡的黑珍珠」，它具有胡椒及檸檬的香氣，使用在料理中，可調味又去腥，讓食物增添天然的清香美味。

適用麵型

長型麵

食材（約 2 人份）

直麵 160g
櫻花蝦 15g
特級橄欖油 2 大匙
大蒜 1 瓣（拍扁去皮）
乾辣椒碎片 少許
馬告 1 大匙
（用廚房紙巾包起來，
以擀麵棍敲碎）

做法

〈煮麵〉

備一大鍋滾水加粗鹽，依包裝指示時間再減 1-2 分鐘煮義大利麵。

〈炒料〉

1　將櫻花蝦放入不加油的平底鍋中，以乾鍋炒香，取出備用。

2　用平底鍋加熱橄欖油，放入大蒜及乾辣椒碎片，小火炒香，加入一半量的櫻花蝦。

3　加入煮麵水及煮好的麵，拌炒至喜愛的軟硬度，熄火。

〈盛盤〉

撒上剩下的櫻花蝦及馬告。

高粱酒燒蛤蜊
扁舌麵

高粱酒是以高粱為原料的蒸餾酒，顏色透明、酒精度高，酒香濃郁且入口辛辣，因此用高粱酒來入菜，只需一點點來提香，即可讓食材帶有高粱的特殊香氣，切記不要加太多，酒味太重會掩蓋食材原有的味道，還會帶出苦味。

以高粱酒來取代白葡萄酒，做出來的白酒蛤蜊義大利麵，完全不違和，濃香的酒味讓味道更升級！

適用麵型
長型麵

食材（約 2 人份）

扁舌麵　160g
大蒜　1 瓣（切碎）
蛤蜊　300g
熟凍淡菜　4 顆
高粱酒　50ml
特級橄欖油　適量
黑胡椒　適量
巴西利碎　1/2 大匙

做法

〈煮麵〉

備一大鍋滾水加粗鹽，依包裝指示時間再減 1-2 分鐘煮義大利麵。

〈炒料〉

1　用湯鍋加熱橄欖油，炒香蒜碎及巴西利碎 1/2 大匙，加入蛤蜊後就倒入高粱酒，蓋鍋，搖動鍋子煮至殼全部打開。

2　夾出蛤蜊，自然產生的湯汁留下備用。

3　將蛤蜊汁倒入平底鍋，開火煮，加入橄欖油，拌至乳化，倒入煮好的麵，適當加入煮麵水拌炒入味，倒回蛤蜊及淡菜拌一下即可起鍋。

〈盛盤〉

撒上黑胡椒及巴西利碎（份量外）。

MEMO

可以搭配烤長棍麵包片一起吃，沾盤子上的醬汁很美味！！

紅麴雞腿排天使細麵

紅麴醬是紅麴菌經過發酵之後的產物，市售紅麴醬是經過調味的，有別於紅糟的酒味與酸味那麼強烈，紅麴醬味道比較溫和一些，可以拿來當天然色素、增加料理風味與層次。

適用麵型

長型麵

食材（約 2 人份）

天使細麵 160g
薑片 10 片（切片）
紅麴醬 2 大匙
雞高湯 100ml
特級橄欖油 適量

〈醃雞腿〉

去骨雞腿肉 1 片
　　（約 150g）
鹽 適量
黑胡椒 適量

做法

〈醃雞腿〉

將去骨雞腿肉切對半，撒上適量的鹽及黑胡椒醃，靜置 10 分鐘。

〈煮麵〉

備一大鍋滾水加粗鹽，依包裝指示時間再減 1-2 分鐘煮義大利麵。

〈炒料〉

1　用平底鍋加熱橄欖油，加入薑片，以小火煸至邊緣捲曲、表面脆脆乾乾，取出備用 。

2　原鍋加入醃好的雞腿排，將雞皮朝下，煎至兩面金黃。

3　倒入紅麴醬、雞高湯煮滾，將雞肉兩面翻一下，取出雞肉，備用。

4　加入煮好的麵，拌炒至喜好的軟硬度，中途可加些煮麵水調整濃稠度。

〈盛盤〉

鋪上雞腿排，上面放煸過的薑片。

Linquine con frutti di mare al Cordia dichotoma

破布子海鮮扁舌麵

破布子為小型落葉喬木，果實是粉白色的，用鹽水熬煮 2、3 個小時以上，再加上其他調味料醃漬保存。全世界目前會把破布子入菜的地方，只有台灣，經過醃漬過的風味獨特，淡淡回甘，如同酸豆一樣，讓整個料理多加了一層特殊的味道。

適用麵型

長型麵

食材（約 2 人份）

扁舌麵 160g
紅辣椒 1 根
大蒜 1 瓣（拍扁去皮）
鮮蝦 10 隻
透抽 1 隻（切輪圈）
小番茄 10 顆（切對半）
破布子 20g（壓扁去籽）
特級橄欖油 適量
巴西利 適量

做法

〈煮麵〉

備一大鍋滾水加粗鹽，依包裝指示時間再減 1-2 分鐘煮義大利麵。

〈炒料〉

1　在平底鍋中加入稍多的橄欖油，先炒香大蒜及紅辣椒，取出大蒜丟棄，放入蝦子煎一下，再加入透抽炒。

2　加入壓扁去籽的破布子及小番茄煮一下，待透抽煮熟後，先挑出蝦子及透抽，以免煮過久肉質變硬。

3　加入煮好的麵及煮麵水拌炒至入味，最後淋上一點橄欖油拌炒乳化。

〈盛盤〉

將麵盛盤，放上巴西利葉。

伊萊克斯 5公升觸控式氣炸鍋

了解商品

Staub鑄鐵鍋
多款多色實用性高，
適合作出千變萬化的菜色

f 我愛Staub鑄鐵鍋

加入臉書「我愛STAUB鑄鐵鍋」社團，
與愛好者一起交流互動，欣賞彼此的料理與美鍋，
每月分享最新情報，並可參加料理晒圖抽獎活動，大展廚藝。

品嚐王室指定新鮮

新鮮18°C　為你鮮榨

SGS 檢測發煙點210度　安心烹調

　　皇嘉以高於歐盟規範，皇家等級規格。
嚴選10月特早摘綠橄欖，冷壓、過濾、冷藏
貨櫃直送抵台，全程18°C保鮮，2道過濾油脂
新鮮不質變，維持高溫烹飪油品高穩定度！

森森采食

T
taste
義大利麵的美味法則
麵醬組合 X 效率烹調 X 入味訣竅，料理課教作的經典做法 & 創意配方

05

作　　　　　者	——— Winnie 范麗雯
特　約　攝　影	——— Hand in Hand Photodesign 璞真奕睿影像
封面設計與內文排版	——— 劉佳旻 Himinndesign
責　任　編　輯	——— 蕭歆儀

出　　　　　版	——— 境好出版事業有限公司
總　　編　　輯	——— 黃文慧
主　　　　　編	——— 賴秉薇、蕭歆儀、周書宇
行　銷　企　劃	——— 吳孟蓉
會　計　行　政	——— 簡佩鈺

地　　　　　址	——— 10491 台北市中山區松江路 131-6 號 3 樓
粉　　絲　　團	——— https://www.facebook.com/JinghaoBOOK
電　　　　　話	——— (02)2516-6892
傳　　　　　真	——— (02)2516-6891

發　　　　　行	——— 采實文化事業股份有限公司
地　　　　　址	——— 10457 台北市中山區南京東路二段 95 號 9 樓
電　　　　　話	——— (02)2511-9798
傳　　　　　真	——— (02)2571-3298
電　子　信　箱	——— acme@acmebook.com.tw
采　實　官　網	——— www.acmebook.com.tw

法律顧問／第一國際法律事務所 余淑杏律師

定 價／420元
初版一刷／西元 2021 年 9 月
Printed in Taiwan

國家圖書館出版品預行編目 (CIP) 資料

義大利麵的美味法則：麵醬組合 X 效率
烹調 X 入味訣竅，料理課教作的經典做
法 & 創意配方 /Winnie 范麗雯著
-- 初版 . -- 新北市：
境好出版事業有限公司出版：
采實文化事業股份有限公司發行
2021.09
　面；　公分 -- (taste)
ISBN　978-986-06903-4-7(平裝)
1. 麵食食譜 2. 義大利

427.38　　　　　　　110012627

特別聲明：有關本書中的言論內容，不代表本公司
立場及意見，由作者自行承擔文責。

境好出版事業有限公司
JingHao Publishing Co., Ltd.

10491 台北市中山區松江路131-6號3樓

境好出版事業有限公司 收

讀者服務專線：02-2516-6892

PASTA

義大利麵的美味法則

范麗雯Winnie 著

麵醬組合 X 效率烹調 X 入味訣竅，料理課教作的經典做法 & 創意配方

｜讀者回饋卡｜

感謝您購買本書，您的建議是境好出版前進的原動力。請撥冗填寫此卡，我們將不定期提供您最新的出版訊息與優惠活動。您的支持與鼓勵，將使我們更加努力製作出更好的作品。

讀者資料（本資料只供出版社內部建檔及寄送必要書訊時使用）

姓名：＿＿＿＿＿＿＿＿＿　性別：□男　□女　出生年月日：民國＿＿＿年＿＿＿月＿＿＿日

E-MAIL：＿＿＿＿＿＿＿＿＿＿＿＿＿＿＿＿＿＿＿＿＿＿＿＿＿＿＿＿＿

地址：＿＿＿＿＿＿＿＿＿＿＿＿＿＿＿＿＿＿＿＿＿＿＿＿＿＿＿＿＿＿

電話：＿＿＿＿＿＿＿＿＿　手機：＿＿＿＿＿＿＿＿＿　傳真：＿＿＿＿＿＿＿＿＿

職業：□學生　　　　　□生產、製造　　□金融、商業　　□傳播、廣告　　□軍人、公務
　　　□教育、文化　　□旅遊、運輸　　□醫療、保健　　□仲介、服務　　□自由、家管
　　　□其他

購書資訊

1.您如何購買本書？
　□一般書店（縣市 書店）　□網路書店（書店）　□量販店　□郵購　□其他

2.您從何處知道本書？
　□一般書店　□網路書店（書店）　□量販店　□報紙　□廣播電社
　□社群媒體　□朋友推薦　□其他

3.您購買本書的原因？
　□喜歡作者　□對內容感興趣　□工作需要　□其他

4.您對本書的評價：（ 請填代號 1. 非常滿意 2. 滿意 3. 尚可 4. 待改進）
　□定價　□內容　□版面編排　□印刷　□整體評價

5.您的閱讀習慣：
　□生活飲食　□商業理財　□健康醫療　□心靈勵志　□藝術設計　□文史哲
　□其他＿＿＿＿＿＿＿＿＿＿＿＿＿＿＿＿＿＿＿＿＿＿＿＿＿＿＿

6.您最喜歡作者在本書中的哪一個單元：＿＿＿＿＿＿＿＿＿＿＿＿＿＿＿＿

7.您對本書或境好出版的建議：＿＿＿＿＿＿＿＿＿＿＿＿＿＿＿＿＿＿＿